城市体检
理论方法与实践

湖北省规划设计研究总院有限责任公司　◎编著

主编：王丽娜　周　燕（武汉大学）　邱孝高

编委：刘　璐　王悦雯　付　娇　向　进　阮晓路

　　　徐玉红　方　可　孙双辉　艾玉红　廖文秀

　　　王亚婧　吴　焕　黄　星　王　彬　张　涛

　　　方　芳　陈　琪　王健宇　高　翔　何　康

　　　王占勇　陈亚军　陈　影　姚憬远　金泽众

　　　许婧钰　禹佳宁（武汉大学）

　　　刘梦瑶（武汉大学）　祁梦园（武汉大学）

　　　田　亮（武汉大学）　赵晓雪（武汉大学）

　　　孙　瀛（武汉大学）　朱子航（武汉大学）

华中科技大学出版社
http://press.hust.edu.cn
中国·武汉

内容简介

本书落实国家对城市工作的最新要求，结合城市发展面临从增量发展阶段转向存量更新阶段的特征，重点研究城市体检的工作方案及其在城市更新领域的应用。

图书在版编目（CIP）数据

城市体检理论方法与实践 / 湖北省规划设计研究总院有限责任公司编著. —— 武汉：华中科技大学出版社, 2024.9. —— ISBN 978-7-5772-1176-3

Ⅰ. TU984.2

中国国家版本馆CIP数据核字第2024L1L338号

城市体检理论方法与实践   湖北省规划设计研究总院有限责任公司　编著
Chengshi Tijian Lilun Fangfa yu Shijian

出版发行：华中科技大学出版社（中国·武汉）	电话：（027）81321913
地　　址：武汉市东湖新技术开发区华工科技园	邮编：430223

策划编辑：易彩萍	封面设计：张　靖
责任编辑：易彩萍	责任监印：朱　玢

印　　刷：湖北金港彩印有限公司
开　　本：710 mm×1000 mm　1/16
印　　张：14.5
字　　数：200千字
版　　次：2024年9月第1版　第1次印刷
定　　价：98.00元

前　言

　　改革开放以来，我国城市化进程波澜壮阔，创造了世界城市发展史上的伟大奇迹。2023年，我国城镇化率已突破66%，进入城镇化较快发展的中后期，城市发展进入城市更新的重要时期，由大规模建设转为存量提质改造和增量结构调整并重。从国际经验和城市发展规律来看，这一时期城市发展面临许多新的问题和挑战，各类风险和矛盾突出。我国城市发展的矛盾和问题主要表现在开发建设模式粗放低效，城镇发展规模和布局不合理，城市人居环境日益恶化，历史文化遗产保护不力，城市规划建设管理缺乏统筹，城市公共服务设施和基础设施不匹配等方面。这些矛盾和问题还导致环境污染、人口拥挤、交通拥堵、垃圾围城、城市内涝等一系列"城市病"，制约了城市的进一步发展。

　　2015年中央城市工作会议提出，要坚持以人民为中心的发展思想，贯彻新发展理念，坚持"一个尊重，五个统筹"的原则，着力解决"城市病"等突出问题，建设和谐宜居、富有活力、各具特色的现代化城市。城市体检是统筹城市规划建设管理、推进实施城市更新行动、促进城市开发建设方式转型的重要抓手。通过城市体检查找城市人居环境方面存在的问题和短板，有助于有针对性地治理"城市病"，提升城市的功能与品质，促进城市高质量发展。2019 年以来，住房和城乡建设部在全国范围内逐步推进城市体检工作，选取试点城市开展城市体检工作，各省、市也有序组织开展了城市体检工作。本书编写组借鉴国内外相关研究成果，对部分城市体检试点城市开展了深入调研，结合湖北省城市体检工作，深入研究城市体检的理论并应用于实践，形成了相应的研究成果。

本书包括研究背景、研究基础、研究方法、指标体系、指标评价、成果应用和项目实践等内容。本书以推动城市高质量发展为目标，从城市体检理论延伸到技术方法，再到应用实践，旨在探索城市体检的工作方法，推广城市体检的应用，为促进城市建设方式转型、建设没有"城市病"的城市提供参考。

目　　录

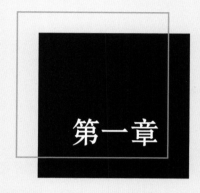

第一章

研究背景篇

一、原理认识

　　"体检"是体格检查的简称，也称作身体检查、理学检查或健康检查，是指医生运用自己的感官、检查器具、实验室设备等医学手段和方法直接或间接地检查受检者的身体状况，其目的是收集受检者有关健康的客观资料，及早发现、预防疾病隐患。

　　同人体一样，城市也是一个"有机生命体"，人类需要定时体检来判断身体的健康状态，城市在发展过程中也应如此（图1-1）。改革开放以来，我国经历了历史上规模最大、速度最快的城镇化和工业化进程，在国民经济快速发展的同时，出现了诸如城市交通堵塞、住房紧张、生态环境恶化、公共设施紧张和人口无序聚集等众多的"城市病"，严重影响了城市人居环境和居民生活满意度。在此背景下，城市体检的概念应运而生。

　　城市体检是指对城市发展状况、城市规划及相关政策的实施效果进行监测、分析、评价、反馈和校正的过程，将城市与治理的关系生动形象地视同于生命体与治疗的关系，就像人类体检一样，通过对城市各大功能系统定期开展"体检"，发现病灶、诊断病因、开出药方，通过综合施治解决短板和矛盾，才能做到"防未病、治已病"，确保城市在发展过程中及时发现问题，采取有效应对措施，实现可持续发展。城市体检是一项优化城市发展目标、补齐城市建设短板、解决"城市病"问题的基础性工作，是实施城市更新行动、统筹城市规划建设管理、推动城市人居环境高质量发展的重要抓手。

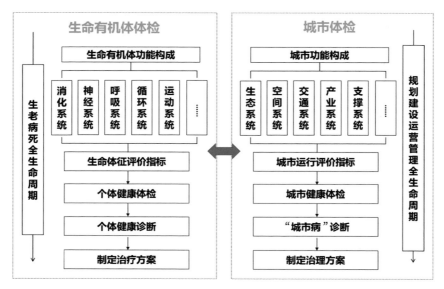

图 1-1　生命有机体体检与城市体检示意图
（资料来源：长沙市 2020 年城市体检报告）

二、发展历程

（一）早期尝试：规划实施评估的初步探索

中国的城市规划实施评估起步于 20 世纪 80 年代末，随着中国城市化进程的加快和经济结构的转型，各级政府及相关机构开始认识到需要一个系统的机制来评估城市发展规划的实施效果。在这个阶段，评估主要集中在一些基本的社会经济指标上，以衡量城市发展的状况。由于此时的评估工作主要是描述性的，缺乏一个统一、科学的评估标准和方法，所以其更多的是起到对规划工作的反思和调整作用。

（二）2008 年之前：城市规划实施评估的发展与完善

进入 21 世纪，随着中国城市化进程的深入，规划实施评估开始得到更多的重视。尽管在 2008 年以前（《中华人民共和国城乡规划法》施行前），我国的规划实施评估工作开展较少，但学界和业界已经开展了对规划公共政策属性的讨论，并关注规划的实施效果。2005 年，建设部颁布了《城市规划编制办法》，其中第十二条规定"城市人民政府提出编制城市总体规划前，应当对现行城市总体规划以及各专项规划的实施情况进行总结"，这一规定可谓是规划实施评估制度化的开端。这一时期，深圳、广州、南京等城市先后开展了对城市总体规划实施情况的评价，涵盖了城市发展特征研判、存在问题及成因解析、未来趋势判断、规划推进策略探讨等内容。此外，一些学者还对近期建设规划、控制性详细规划、小城镇规划、城市设计、居住区规划、产业区规划、新城规划等的编制和实施评价问题进行了探索。

（三）2008—2016 年：从规划实施评估到城市体检的萌芽

自 2008 年《中华人民共和国城乡规划法》确立规划实施评估的法定地位以来，我国开始了一轮针对规划实施评估的实践与研究热潮。据《中华人民共和国城乡规划法》的规定，"应当组织有关部门和专家定期对规划实施情况进行评估"，并向本级人民代表大会和"原审批机关提出评估报告并附具征求意见的情况"。为了落实这些规定，2009 年，住房和城乡建设部制定了《城市总体规划实施评估办法（试行）》，对城市总体规划实施评估的组织主体、成果形式、成果内容与审查要点等作了具体规定，并提出"城市总体规划实施情况评估工作，原则上应当每2年进行一次"。此后，城市总体规划实施评估工作全面推开，并逐步延伸到对控制性详细规划、历史文化保护规划、城镇体系规划、城市设计等的实施评估。

　　这一热潮明确了规划实施评估的定义、体系和内容，为总体规划的修编和优化实施提供了较好的支撑。然而，这一过程也暴露出诸如空间不协调、规划任务向下位分解缺乏有效指导、评估时效性弱、机制分析深度不足、公众在规划调整和具体实施中的参与深度不充分等问题。这些问题阻碍了城市发展的全面性和高质量性，促使我们必须寻找更为全面和科学的评估方式。

　　与此同时，我国经济社会进入高质量发展的新时代以后，人民对美好生活的向往日益强烈，城市发展面临着从数量扩张向质量提升的转型压力。在这样的大背景下，习近平总书记在2015年12月的中央城市工作会议上提出了转变城市发展方式的理念，强调了在城市发展中不仅要注重物质建设，也要关注人的全面发展。随着"多规合一"城市规划理念的推广，国土空间规划体系的逐渐完善，以及技术水平和数据环境的不断提升，实施更加实时、更注重过程分析、更与优化实施相联系的评估工作的条件日渐成熟，这些都为城市体检理念的萌芽创造了有利的条件。因此，习近平总书记的这一提法，对于城市体检理念的形成起到了关键的推动作用。它帮助我们重新审视城市发展的评估方式，从而关注城市的健康状况，关注城市的全面发展。这一阶段可以看作是城市体检理念从规划实施评估过渡到全面关注城市健康的萌芽阶段。

（四）2017—2018 年：城市体检评估机制的建立和实践

2017 年，习近平总书记在批复北京市城市总体规划时，首次明确提出开展"城市体检"评估机制的要求。他指出，要"健全规划实时监测、定期评估、动态维护机制，建立'城市体检'评估机制，建设没有'城市病'的城市"。这一明确的指示标志着城市体检评估机制的构想转变为实际的政策建立过程，赋予了城市体检以深远的历史意义和实际的行动指向。北京市在《北京城市总体规划（2016 年—2035 年）》中对习近平总书记的批复进行了细化落实，构建了一套体检评估工作机制。北京市因此成为全国首个实施年度体检的城市，为探索城市体检评估机制的实践路径提供了宝贵的经验。

2017 年 9 月，住房和城乡建设部结合北京市城市总体规划的实践情况，进一步提出了"一年一体检、五年一评估"的常态化城市体检评估机制。这一机制将体检评估与规划实施紧密结合，强调了实时监测与动态维护，这无疑为城市体检政策的深入实施提供了强大的操作依据，并使得城市体检政策开始在全国范围内有序展开。

这一阶段的工作，标志着城市体检政策从理论构想转向了具体的建立和实施，进一步深化了城市体检理念，推动了城市体检政策在全国范围内的逐步展开。我们可以看到，城市体检政策的构想在这一阶段已经从纸面走向了实践，开始在我国城市治理实践中发挥越来越重要的作用。

（五）2018 年以来："城市体检"与"国土空间规划城市体检评估"

1. 住房和城乡建设部主导的城市体检工作

住房和城乡建设部通过城市体检工作查找"城市病"问题，识别人居环境领域的短板，打通规划、建设、治理的"最后一公里"决策流程。目前已经建立起全国层面的城市体检评估工作机制，包括第三方体检、城市自体检和社会满意度调查三方面。

2019年，住房和城乡建设部在北京城市体检实践的基础上，在全国选取福州等11个城市作为首批试点城市，明确要求着力治理"城市病"，通过对城市生态宜居、城市特色、安全韧性、城市活力等进行评价，督促推进城市高质量发展，这标志着城市体检工作开始在全国范围内展开。随后的2年内，城市体检工作的试点城市逐年增加。2020年扩充至36个试点城市，2021年已扩大至59个试点城市。与此同时，有条件的省份在设区城市全面推进城市体检工作。2021年7月，住房和城乡建设部在城市体检工作的基础上，继续选取直辖市、计划单列市、省会城市和部分设区城市开展城市体检工作。部分省份也出台了相关技术导则，以探索建立与实施城市更新行动相适应的城市规划建设管理体制机制和政策体系，促进城市高质量发展。2023年1月17日，全国住房和城乡建设工作会议在北京召开，住房和城乡建设部党组书记、部长倪虹发表《全面学习贯彻党的二十大精神 奋力开创住房和城乡建设事业高质量发展新局面》讲话，其中提到人民群众安居为住建工作基点，从"好房子、好小区、好社区、好城区"四个维度把城市规划好、建设好、治理好，通过持续实施城市更新行动和乡村建设行动，打造宜居、韧性、智慧城市，建设宜居宜业和美乡村。

2023年，城市体检工作聚焦建设"好房子、好小区（社区）、好街区、好城区（城市）"，坚持问题导向、目标导向、结果导向，切实反映老百姓身边"急难愁盼"问题，识别城市发展短板和可持续发展能力的不足，助推城市高质量发展。2023年6月，住房和城乡建设部选择天津、重庆、成都、宁波等10个城市开展"深化城市体检工作制度机制"试点工作，聚焦完善城市体检指标体系、创新城市体检方式方法、强化城市体检成果应用等核心任务。城市体检开始进入"精细化"体检时代，更加深入城市微观单元，直接指导各层级城市更新工作开展。

总体而言，每年的城市体检试点工作都以查找城市规划建设与管理中的短板和问题为主要目标，同时，结合各年度不同的工作重点和社会背景，主体思想具有差异性，工作路径也逐渐清晰。

2. 自然资源部主导的国土空间规划城市体检评估体系

2018 年，随着城乡规划管理职责划入自然资源部，国土空间规划城市体检评估体系的建立与完善开始成为政策关注的焦点。2019 年 5 月，《中共中央 国务院关于建立国土空间规划体系并监督实施的若干意见》进一步提出"建立国土空间规划定期评估制度"等重要指示。按照首都规划建设委员会的要求，自然资源部组织北京、上海等 10 个城市开展了两轮体检评估先行先试工作。同年 7 月，自然资源部印发《自然资源部办公厅关于开展国土空间规划"一张图"建设和现状评估工作的通知》，并制定了现状评估的指标体系，为国土空间规划城市体检评估体系的建立与完善提供了政策支持和指导方向。

2020 年，新的《中华人民共和国土地管理法》的施行，正式确立了国土空间规划体系的法定地位，作为国土空间规划实施管理的配套举措，自然资源部组织开展的城市体检评估工作亦明确了其法定性和权威性，并正式全面展开。同年，自然资源部在现行国务院审批规划的 107 个城市部署开展了城市体检评估工作，并形成了相关报告成果。到 2021 年，在总结各地城市体检、规划实施评估、国土空间开发保护现状评估等经验基础上，自然资源部发布了《国土空间规划城市体检评估规程》，为国土空间规划的实施提供了更具体、明确的指导和规范。

综上所述，2020—2021 年自然资源部的国土空间规划城市体检评估与住房和城乡建设部的城市体检平行推进，虽然两者在工作范畴上有所不同，但其根本宗旨是一致的，都是希冀通过查找城市规划和建设发展中存在的突出矛盾和问题，找到产生矛盾和问题的原因，进而有针对性地改进规划、建设和管理工作，以提高其运作绩效，实现"以人民为中心"的高质量发展（图1-2）。

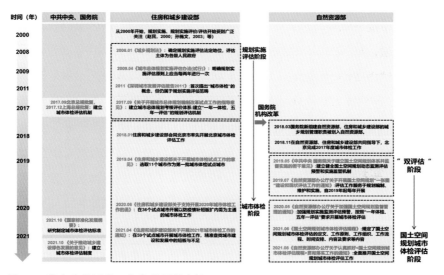

图 1-2　城市体检评估工作发展历程分析
（资料来源：赵民，张栩晨. 城市体检评估的发展历程与高效运作的若干探讨——基于公共政策过程视角 [J]. 城市规划，2022, 46(8): 65-74.）

三、国家要求

（一）转变城市发展方式切入点

"人民城市人民建，人民城市为人民"。城市体检是习近平总书记对做好城市规划建设管理工作提出的要求，是全面系统了解城市发展规律的有效方法，是以问题为导向推动城市发展方式转变的切入点。全面系统深入开展城市体检，能够摸清各方面存在的问题，倾听人民的心声，针对查找出来的"城市病"和城市短板，找准病灶，开出药方，统筹城市各类建设资源，为城市高质量发展提供可靠的有力保障。

（二）实现精细化治理有效手段

2019 年 11 月，习近平总书记在上海考察时指出，城市治理是推进国家治理体系和治理能力现代化的重要内容，要着力提升城市能级和核心竞争力，不断提高社会主义现代化国际大都市的治理能力和治理水平。

各地城市还应与时俱进、因地制宜，增加试点城市自身特色，依靠科技赋能，强化预测预警，用好大数据、人工智能等新技术，进行有针对性的研判、科学化的预判，发挥出规划对城市发展的战略引领和刚性管控作用，为城市治理决策提供有力参考，实现源头防治。

（三）提升人居环境品质有效途径

城市体检要牢固树立以人民为中心的发展思想，切实把习近平生态文明思想和新发展理念贯穿到城市规划建设管理的全过程，加快转变城市发展方式，着力治理"城市病"，认真查找城市发展和城市规划建设管理过程中存在的问题和短板，使城市体检真正成为党和政府做好城市规划建设管理工作的重要手段，提升城市人居环境品质，修复城市机体，恢复城市活力，推动城市高质量发展，不断增强人民群众的获得感、幸福感、安全感，形成"人民城市人民建、人民城市人民管"的新格局。

第二章

研究基础篇

一、住房和城乡建设部工作方案解读

2019 年以来，住房和城乡建设部陆续发布《住房和城乡建设部关于开展城市体检试点工作的意见》（建科函〔2019〕78 号）、《住房和城乡建设部关于支持开展 2020 年城市体检工作的函》（建科函〔2020〕92 号）、《住房和城乡建设部关于开展 2021 年城市体检工作的通知》（建科函〔2021〕44 号）、《住房和城乡建设部关于开展 2022 年城市体检工作的通知》（建科〔2022〕54 号）、《住房和城乡建设部建筑节能与科技司关于配合做好试点城市第三方体检评估工作的函》（建司局函科〔2023〕15 号）、《城市体检评估技术指南（试行）》等文件，每年度发布城市体检工作通知和体检方案，指导各试点城市开展城市体检工作。

本节按总体要求与主题思想、试点城市选择、指标体系构建、工作内容和工作方式以及组织领导五大方面对工作方案进行解读。

（一）总体要求与主题思想

各年度工作总体要求均为以城市体检为工具，查找城市规划建设与管理中的短板与问题，同时结合各年度不同的工作重点和社会背景，具体要求有差异性，工作路径不断清晰。

2019 年，住房和城乡建设部的工作方案提出城市体检紧扣"创新、协调、绿色、开放、共享"发展理念内涵和城市人居环境高质量发展内涵，查找"城市病"病因，关注人居环境高质量发展。

2020 年，在新冠肺炎疫情大背景下，住房和城乡建设部的工作方案以防疫情、补短板、扩内需为主题，做好"六稳"工作、落实"六保"任务，防风险、打基础、惠民生、利长远。

2021年，住房和城乡建设部的工作方案以推动城市高质量发展为主题，以绿色低碳发展为路径，把城市体检作为统筹城市规划建设管理、推进实施城市更新行动、促进城市开发建设方式转型的重要抓手。

2022年，住房和城乡建设部的工作方案统筹发展和安全，统筹城市建设发展的经济需要、生活需要、生态需要、安全需要，建立与实施城市更新行动相适应的城市规划建设管理体制机制和政策体系。

2023年，住房和城乡建设部的工作方案坚持问题导向、目标导向、结果导向，聚焦城市更新主要目标和重点任务，切实反映老百姓身边"急难愁盼"问题，识别城市发展短板和可持续发展能力的不足，助推城市高质量发展。

（二）试点城市选择

各年度试点城市数量由少至多，覆盖面由小至大，类型由副省级城市、省会、计划单列市向地级市逐渐扩展，且试点城市选择具有延续性，一个城市入选后可连续开展年度城市体检工作。

2019年，住房和城乡建设部选取试点城市11个，涵盖副省级城市、省会城市、计划单列市和地级市；2020年，试点城市数量增加至36个，增加了直辖市类型；2021年，试点城市数量增加至59个，试点城市在全国范围内全面铺开，涵盖的省、自治区、直辖市共计31个；2022年，试点城市数量保持59个不变，同时鼓励有条件的省份将城市体检工作覆盖到本行政区域内设区市；2023年，仍然保持59个试点城市不变（表2-1）。

表 2-1　住房和城乡建设部城市体检试点城市统计表

序号	省、自治区、直辖市	试点城市		
		2019 年（11 个）	2020 年（36 个）	2021/2022/2023 年（59 个）
1	北京	—	—	北京市
2	天津	—	天津市	天津市
3	上海	—	上海市	上海市
4	重庆	—	重庆市	重庆市
5	河北省	—	石家庄市	石家庄市
6		—	—	唐山市
7	山西省	—	太原市	太原市
8		—	—	晋城市
9	内蒙古	—	呼和浩特市	呼和浩特市
10		—	—	包头市
11	黑龙江省	—	哈尔滨市	哈尔滨市
12		—	—	大庆市
13	吉林省	—	长春市	长春市
14		—	—	四平市
15	辽宁省	沈阳市	沈阳市	沈阳市
16		—	大连市	大连市
17	山东省	—	济南市	济南市
18		—	—	青岛市
19		—	—	东营市
20	江苏省	南京市	南京市	南京市
21		—	—	徐州市
22	安徽省	—	合肥市	合肥市
23		—	—	亳州市
24	浙江省	—	杭州市	杭州市
25		—	—	宁波市
26		—	衢州市	衢州市
27	福建省	厦门市	厦门市	厦门市
28		福州市	福州市	福州市

（续表）

序号	省、自治区、直辖市	试点城市		
		2019 年（11 个）	2020 年（36 个）	2021/2022/2023 年（59 个）
29	江西省	—	—	南昌市
30		—	赣州市	赣州市
31		景德镇市	景德镇市	景德镇市
32	河南省	—	郑州市	郑州市
33		—	洛阳市	洛阳市
34	湖北省	—	武汉市	武汉市
35		—	黄石市	黄石市
36	湖南省	长沙市	长沙市	长沙市
37		—	—	常德市
38	广东省	广州市	广州市	广州市
39		—	—	深圳市
40	广西壮族自治区	—	南宁市	南宁市
41		—	—	柳州市
42	海南省	海口市	海口市	海口市
43		—	—	三亚市
44	云南省	—	昆明市	昆明市
45		—	—	临沧市
46	贵州省	—	贵阳市	贵阳市
47		—	—	安顺市
48	四川省	成都市	成都市	成都市
49		遂宁市	遂宁市	遂宁市
50	西藏自治区	—	—	拉萨市
51	陕西省	—	西安市	西安市
52		—	—	延安市
53	甘肃省	—	兰州市	兰州市
54		—	—	白银市
55	宁夏回族自治区	—	银川市	银川市
56		—	—	吴忠市
57	青海省	西宁市	西宁市	西宁市

（续表）

序号	省、自治区、直辖市	试点城市		
		2019 年（11 个）	2020 年（36 个）	2021/2022/2023 年（59 个）
58	新疆维吾尔自治区	—	乌鲁木齐市	乌鲁木齐市
59		—	—	克拉玛依市

（表格来源：自绘）

（三）指标体系构建

各年度城市体检指标体系在横向上不断调整优化单项指标内容，在纵向上不断拓展工作深度，逐渐从城区（城市）层面深入街区、小区（社区）、房子的微观尺度，更加贴近民生需求和生活的方方面面。

2019—2022 年，城市体检指标体系均从 8 大方面进行构建，后期逐渐确定为生态宜居、健康舒适、安全韧性、交通便捷、风貌特色、整洁有序、多元包容、创新活力 8 个方面，但根据各年度工作重点任务变化，历年评价体系中指标构成差异性较大，增加与删除指标一般占总指标数量的一半甚至以上，指标的变化也体现了国家战略、部门事权、底线管控等方面的变化。

2019 年，城市体检指标体系为"36+N"。城市体检指标体系分为生态宜居、城市特色、交通便捷、生活舒适、多元包容、安全韧性、城市活力、社会满意度，8 大分类已有雏形，奠定了城市体检指标体系的基础，同时根据各地实际情况增加特色化指标，但总体指标数量较少，未考虑数据可获取性，较为关注城市建设方面。

2020 年，城市体检指标体系增至"50+N"。城市体检指标体系 8 大分类确定为生态宜居、健康舒适、安全韧性、交通便捷、风貌特色、整洁有序、多元包容、创新活力，指标较 2019 年变动较大且数量有所增加，各类指标个数差异较小。

2021 年，城市体检指标体系优化为"65+N"，沿用 8 大分类，指标体系基本成熟。指标较 2020 年保留优化一半以上，删减不易获取指标（指标含义较为复合），生态宜居、风貌特色、整洁有序、创新活力方面指标变动较大，更为关注城市管理、城市生态环境治理、经济产业发展方面，增加底线指标和导向指标分类，与底线管控和弹性引导相结合。

2022 年，城市体检指标体系再次优化为"69+N"，不再划分底线指标和导向指标，但继续沿用 8 大分类。指标个数小幅增加，变动较大的为创新活力等方面，健康舒适、安全韧性、生态宜居方面新增较多指标，更为关注住房建设、城市智慧管理、公众参与，弱化经济产业发展相关指标比重。同时鼓励结合新冠肺炎疫情防控、自建房安全专项整治、老旧管网改造和地下综合管廊建设等工作需要，适当增加城市体检指标，指标体系自由度和针对性均得到提高。评价标准逐渐灵活，由各省（区、市）结合实际工作确定，增加逐年变化情况的评价标准。

2023 年，城市体检指标体系优化为"61+N"。指标体系层级优化，"8 大方面"变化为"4 大维度"，从以前的生态宜居、健康舒适、安全韧性、交通便捷、风貌特色、整洁有序、多元包容、创新活力 8 大方面，调整为住房、小区（社区）、街区、城区（城市）4 大维度，并细分出不同方面，原健康舒适纳入小区（社区）维度，整洁有序纳入街区维度，城区（城市）维度包括生态宜居、历史文化保护利用、产城融合与职住平衡、安全韧性、文化传承、智慧高效 6 大方面，指标体系整体更为深入全面。同时融合住房和城乡建设部 2023 年重点工作，指标设置更加回归住房和城市建设事权，注重住房和城市建设本身，并体现"部—省—市"工作的传导关系（图 2-1）。

图 2-1　历年指标体系构建变化
（图片来源：自绘）

（四）主要内容和工作方式

　　各年度城市体检主要内容和工作方法基本相同，包括城市自体检、第三方城市体检、社会满意度调查三大方面。

　　城市自体检：由各城市人民政府主导，以官方统计数据为主要依据，根据住房和城乡建设部工作年度通知中提出的体检内容，并结合本地实际，增加具有针对性的城市体检指标之后，对城市体检各项指标进行测算分析，评价城市人居环境质量及查找存在的问题，提出对策和建议。通过对指标体系的不断完善，逐渐形成多维分析、综合"诊断"式的城市体检工作方案，并在此指导下开展城市自体检工作。

　　第三方城市体检：第三方城市体检机构以清华大学中国城市研究院等第三方技术团队为主，同样对城市体检各项指标进行测算分析，综合评价试点城市人居环境质量。通过评价维度的不断扩展，从城市、城市中心区和中心区建成区三种不同空间维度，评价试点城市人居环境质量及所在都市圈、城市群建设成效，总结推动高质量发展方面的好经验、好做法，针对共性问题制定并出台政策和措施。

社会满意度调查：体检机构以中国科学院地理科学与资源研究所等第三方技术团队为主，通过问卷调查、实地走访等方式，全面了解群众对城市人居环境质量的满意度，查找群众感受到的突出问题和短板，调查结论和有关建议纳入城市自体检、第三方城市体检报告。

1. 工作步骤

近年来城市体检的工作步骤不断完善，体检内容不断扩充。

2021 年，城市体检工作分四步（数据采集、分析论证、问题诊断、形成体检报告），侧重于指标评价和诊断应用，这是体检工作中的重点和难点。

2022 年，在上年工作步骤的基础上，城市体检工作删除问题诊断环节，同时添加平台建设步骤，表明建设多源数据城市体检平台系统十分重要。

2023 年，城市体检工作新增"好房子、好小区（社区）、好街区"维度，并选取一定数量的典型社区、街区统筹开展体检工作，如何发挥街区、社区基层单元的积极性以获取基层数据，如何综合解决各维度存在的问题，成为体检工作的新挑战，城市体检需不断系统化、层次化。

2. 工作机制

经过各年度城市体检工作的不断深化完善，从"无体检不更新，无更新不项目"到"一体化推进城市体检和城市更新工作"，均体现出城市体检与城市更新的联动关系。2023 年更是进一步建立健全城市体检—城市更新联动机制（图 2-2），从"好房子、好小区（社区）、好街区、好城区（城市）"四个维度，查找影响城市可持续发展的短板。并将各维度城市体检工作检查出来的问题直接作为城市更新的重点，对应开展城市更新

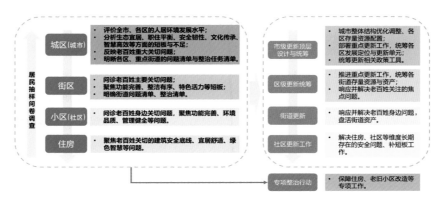

图 2-2　城市体检—城市更新联动机制
（图片来源：自绘）

和专项整治工作，不断推动住房和城乡建设工作方式的转变，不断提高政府科学决策的能力。

（五）组织领导

各年度城市体检工作组织均为逐级传导，各省级住房和城乡建设部门对试点城市住房和城乡建设部门进行督促指导，有序推进各项任务落实，推动建立健全"一年一体检、五年一评估"的城市体检评估制度。

对于试点城市而言，建立起政府主导、住房和城乡建设部门牵头组织、各相关部门和各区共同参与的工作机制；多专业技术团队组建专家技术团队，全过程沟通对接；动员社区居民委员会、物业管理委员会、居民群众等基层社会力量，倾听群众心声。

（六）小结

住房和城乡建设部通过 2019—2023 年不断完善城市体检体制机制，

基本确定城市体检工作方法，主要以城市自体检、第三方城市体检和社会满意度调查相结合开展工作。工作步骤趋于翔实，从数据采集到分析评价，形成体检报告，同时推进各级信息平台建设。指标体系按需调整，维持"基础指标＋特色指标"的方式，在住房和城乡建设部工作方案中确定的指标体系基础上结合地方实际情况增加特色指标。指标维度不断深入微观尺度，指标数据需采集后获得。成果应用趋于管理，加快信息平台建设，且与城市更新联动，作为项目年度计划，有针对性地提出城市更新工作重点。

二、他省城市体检技术导则研究

全国各省份的城市体检工作进展不一，对各自省内的城市体检的指导工作推进也有差别。

其中，安徽省、广东省、内蒙古自治区、江西省、浙江省等相继在住房和城乡建设部城市体检工作方案的基础上研究并发布了针对本省的城市体检技术指导文件；四川省、河北省、江苏省等省份正在研究编制指导本省内城市体检工作的技术文件，或仅针对省会城市发布了较为具体的工作方案；其他省份未发布针对本省城市体检工作的技术指南等指导文件，仅对住房和城乡建设部下发的城市体检工作方案进行传达和落实（图2-3）。

浙江省、江西省、安徽省三个省份城市体检工作的技术指导文件各有特色且具有一定的代表性，以下针对这三个省份城市体检技术指导文件的结构、规则和技术细节等内容进行研究与比较。

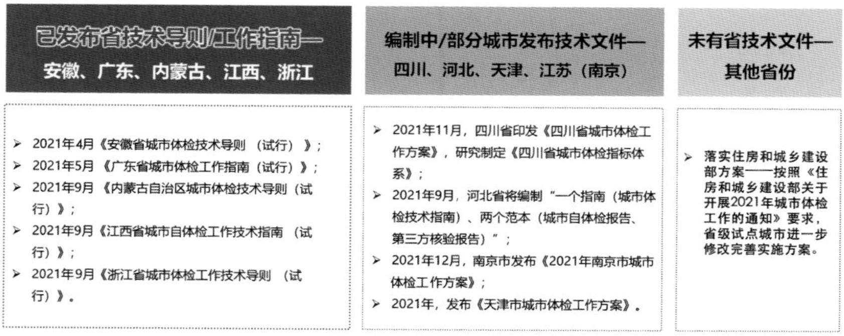

图 2-3　各省份城市体检技术文件的发布情况
（图片来源：自绘）

（一）浙江省

2021 年 9 月，浙江省住房和城乡建设厅发布了《浙江省城市体检工作技术导则（试行）》，主要内容包括 4 个章节、4 个附件。4 个章节为总则、体检内容与指标体系构建、体检问题识别与成果转化、体检成果要求; 4 个附件为城市综合体检指标体系、城市综合体检指标体系及计算方法、城市体检数据结果一览表模板、城市综合体检成果要求。

1. 总则

总则包括项目背景、适用范围、工作目标、工作原则、工作组织与工作流程。

导则主要适用于浙江省设区市的城市（建设）体检工作，研究范围包括市域和中心城区建成区两个层次，以查找城市发展和城市规划建设管理过程中存在的问题和短板，以努力实现"三个一"为工作目标——形成一套特色城市体检指标体系，建立一个系统性的"体检＋整改"闭环长效机制，构建一个基础性、专业性有机结合的城市体检评估信息平台。

浙江省城市体检技术导则要求城市体检、评估和相应的管理措施由城市人民政府负责实施，省建设主管部门对各地城市体检评估工作进行指导。分两类城市分别制定城市体检工作方案，杭州、宁波、衢州这 3 个住房和城乡建设部试点城市完成完整的城市体检（3 部分），3 年内完成专项体检；其余地级市完成城市自体检（1 部分），3 年内完成专项体检。

2. 指标体系构建

浙江省城市体检包括城市综合体检、城市专项体检和城市特色专项体检。

城市综合体检内容应紧扣新发展理念和城市人居环境高质量发展内涵，贯彻以人民为中心的发展思想，从生态宜居、健康舒适、安全韧性、交通便捷、风貌特色、整洁有序、多元包容、创新活力 8 个方面开展分项评估，与 2021 年住房和城乡建设部的城市体检工作方案一致。

城市专项体检是根据浙江省城市发展建设实际需要，在城市更新、内涝防治、历史文化名城保护等方面开展专项研究，细化为 9 个专项体检内容，与全国海绵城市建设评估、国家历史文化名城保护工作调研评估、城市综合管理服务评价、完整居住社区建设等国家部委开展的评估工作相衔接。9 个城市专项体检分别为供水与污水系统专项体检、防涝系统专项体检、环境卫生专项体检、燃气安全专项体检、道路交通专项体检、园林绿化专项体检、社区公共服务设施专项体检、住房专项体检、历史文化保护专项体检。

城市特色专项体检围绕参检城市的发展阶段和发展特点，针对突出问题，有针对性地开展特色专项体检或增加特色体检指标（原则上特色指标数量不超过总指标数量的 10%）。

3. 指标分析评估

浙江省要求对于体检指标评价的成果，宜根据不同城市体检工作基础，采取多种评价方法进行评估，评价方法包括规范对标、规划对标、纵向对比、横向对比及社会满意度对比。

规范对标：参考各类行业规范、国家或地方规范标准、国际或行业通行标准等，查看指标数据是否达标以及当前差距情况。

规划对标：参考城市规划目标、上位政策要求或地方工作目标等，判断目标完成情况和指标数据差距。

纵向对比：与历年数据结果和人居环境满意度调查结果进行纵向比较，分析指标发展趋势和人民感知情况。

横向对比：与发展对标城市和规模水平类似城市的数据进行横向对比。

社会满意度对比：可将体检指标结果与社会满意度结果进行对比分析，从正面和侧面双重诊断城市问题。

4. 问题识别与成果转化

（1）问题识别。

问题识别主要包括体检指标数据分析、社会满意度结果运用、重大"城市病"识别及应对"城市病"的对策建议四个部分。其中，重大"城市病"识别和应对"城市病"的对策具体如下。

①重大"城市病"识别。当城市体检指标，尤其是底线指标对比国家或地方标准不能达标或勉强达标，与同类型城市指标差距过大，并在近年的城市治理工作中没有得到有效提升的指标，可作为诊断城市问题的重点研究对象，严重的可进一步诊断为"城市病"。科学分析城市问题，合理划分城市问题的类型，有助于对城市问题对症下药、精准施策，支撑城市高水平治理。

②应对"城市病"的对策建议。经确定归入"城市病"清单之后，由设区市住房和城乡建设局同各行业主管部门，围绕城市绿色发展和人居环境高质量发展的目标，结合城市更新行动、城乡风貌整治提升、老旧小区改造工作等，提出治理"城市病"的有效措施，制定综合解决方案，以专项工作方案、近期行动计划的方式落实治病要求。

（2）成果转化。

浙江省城市体检工作的成果要求包括成果报告的编制与应用、与重点工作的应用联动。

城市综合体检和专项体检工作成果的编制要求为"1表+1报告"，"1表"指的是城市综合体检指标数据结果一览表，"1报告"指的是城市体检诊断报告。城市综合体检的鼓励成果为"1平台"，即汇总城市体检数据内容的城市体检平台，城市专项体检的鼓励成果为体检指标空间分析图纸等。成果应用包括4个主要作用：一是可作为浙江省实施城市更新行动的方向依据，二是可作为城市各类专项工作开展的前期研究与数据摸查，三是可作为城市发展运行状态的判断依据，四是可作为城市信息系统建设的数据基础。

技术导则还要求将城市体检成果主动运用到人居环境建设重点工作中。将城市体检工作与城市更新行动、城乡景观风貌整治提升、千年古城复兴行动、城镇老旧小区改造、城镇内涝防治、城市地下基础设施普查、完整社区建设等工作统筹考虑。

（二）江西省

江西省高度重视城市体检工作，2020年开始在全省11个设区市和11个县级市开展工作试点。2021年3月，住房和城乡建设部、江西省人民政府签署《建立城市体检评估机制推进城市高质量发展示范省建设战略合作框架协议》，商定探索建立"城市病"从诊断到治疗的联动机制，为完善城市体检评估工作机制积累有益经验，为全国树立榜样、作出示范。

2021 年 4 月，江西省印发了《关于开展 2021 年度全省城市体检工作的通知》（赣建示范办〔2021〕1 号），部署全省县城及以上城市全面开展城市自体检工作（含 2021 年全国试点城市）。为指导江西省城市自体检工作顺利高效开展，构建"一年一体检、五年一评估"的长效工作机制，根据住房和城乡建设部通知要求，结合江西省实际情况，编制《江西省城市自体检工作技术指南（试行）》。

技术指南包括总则、基本术语、指标体系构建、指标分析评估、城市人居环境问卷调查、城市问题识别、体检成果转化及成果要求，指南最后还提供了江西省 2021 年城市体检指标体系的评估指引。

1. 总则

总则包括工作背景、试用范围、工作目标、工作原则、工作内容、工作流程、工作组织和进度要求。

工作流程为城市人民政府研究制定当年度城市体检工作实施方案，按照可统计、可获取、可计算的原则分解指标、采集数据，采取线上问卷、线下问卷、实地调研相结合的方式听取民意，综合采用标准比对、横向比较、纵向趋势分析等方法识别城市问题并分析根源，有针对性地提出治理"城市病"的应对策略并进一步细化为城市建设行动计划建议，最后形成年度城市自体检报告。

技术导则对城市体检的工作组织和工作进度也提出了具体要求，要求成立城市体检组织领导机构，由城市人民政府主要领导任组长，住房和城乡建设等相关部门主要领导任成员，各城市在当年 12 月底前将年度城市体检报告和下一年度城市建设项目计划报江西省人民政府。

2. 指标体系构建

江西城市自体检指标体系由"基础指标 + 特色指标"构成，有条件的城市可在此基础上开展专项体检工作，形成相应的"专项体检指标体系"。

（1）基础指标体系。

基础指标体系由江西省结合国家要求和省委省政府部署发布，并建立动态调整机制。结合城市人居环境问卷调查，最终形成包含 10 大方面、34 个板块、市级 118 项（县级 115 项）具体内容的基础指标体系。10 大方面包括生态宜居、健康舒适、交通便捷、市政配套、安全韧性、风貌特色、多元包容、管理有序、创新活力和城市人居环境问卷调查。评价指标体系分三级构建，将 10 大方面列为一级指标，34 个板块列为二级指标，市级 118 项（县级 115 项）具体指标列为三级指标。

（2）特色指标体系。

特色指标体系是在江西省发布的基础指标体系基础上，结合地方实际，提炼出反映城市发展目标、特色和优势的指标。特色指标体系主要围绕城市战略目标定位、城市性质、城市历史文化特色、产业特色、政府近期推进的重点工作、相关规划目标及其他城市借鉴等方面构建。特色指标体系以目标为导向，有针对性地反映政府工作成效，强化指标的指引作用。

（3）专项体检指标体系。

专项体检指标体系反映城市重点工作及人居环境细部问题，部分专项体检指标可与基础指标重复，如公园绿地服务半径覆盖率既可以作为基础指标，也可与人均公园绿地面积、城市绿道服务半径覆盖率等指标共同构成专项体检指标，来综合表征城市公园绿地等休闲空间的供给情况。在城市自体检工作中，针对城市重点工作、重大问题或重点片区，可对城市人居环境特定维度、城市特定空间单元选取相应的专项体检指标，进行专项体检。专项体检包括针对重点问题的专项体检和针对特定的区、街道或特殊功能单元开展的专项体检。

3. 指标分析评估

指标分析评估包括两个环节：一为指标数据采集与计算，二为指标评估与问题识别。

（1）指标数据采集与计算。

在指标数据采集与计算中，为了准确查找城市问题，采用指标逐级下沉方式，建议设区市数据采集到街道一级，县城数据采集到社区一级，指标通过社区、街道、区、城市逐级分析汇总，具体研判指标在各层级的状况，以利于查找问题根源，精准施策。市级体检指标重点体检城市总体发展状况，区级体检指标重点为区级配套设施，街道级体检指标及社区级体检指标聚焦于基本的公共服务配套。同时，要求对于部分没有官方统计口径的数据，需要依据概念解释进行指标计算。

（2）指标评估与问题识别。

在指标评估与问题识别中，结合各城市自身特点进行差异化评估，具体包括约束值和目标值两类依据。其中，法律法规、标准规范（国际标准、国家标准、地方标准）、政策文件、相关规划（如国家或地方"十四五"专项规划）中的刚性目标为约束值，相关规划目标、对标城市对应维度指标、中国人居环境奖评价指标（或国家生态园林城市、生态文明城市等）为目标值。

指标评估与问题识别分为三个层次，分别为具体指标（三级指标）、具体板块（二级指标）和具体类别（一级指标）的评估与识别。

具体指标（三级指标）的评估与问题识别对达标情况按照 A、B、C、D、E 五种级别进行评估，分别对应很好、较好、一般、较差、很差五种级别，达标情况与行动方案相结合。

对具体板块（二级指标）进行评估时，依据各板块内具体指标中的

A+B 类指标数量占比，有无 D、E 类指标及 D、E 类指标的比例等数值关系，判断具体板块是城市的"优势"板块，还是存在"轻微"的城市问题、存在"较严重"的城市问题或存在"非常严重"的城市问题的板块。

对具体类别（一级指标）进行评估时，如该类别中的具体板块评价均不存在城市问题，则该类别应为城市的优势方面；如该类别在具体板块中存在轻微的城市问题，则该类别总体评价应为尚可；如该类别在具体板块中存在较严重的城市问题或非常严重的城市问题，则该类别应为城市的主要问题所在。

4. 问题识别与成果转化

（1）城市问题识别。

城市问题识别主要是从综合城市体检指标评估与城市人居环境问卷调查两方面进行，分为城市问题的系统评估与城市问题的综合识别。

城市问题的系统评估包括在市级、区级、街道与社区层面逐级进行的评估。市级城市问题诊断重点关注城市总体发展状况，如城市经济社会发展水平、城市安全、城市特色、吸引力、创新能力、产业发展等；区级城市问题诊断重点关注基础设施和公共服务设施的建设水平，如交通、医疗、体育设施等方面；街道与社区层面问题诊断重点关注与居民生活密切联系的指标，如教育、社区服务、停车设施等方面，同时结合人居环境问卷调查，查找居民密切关注的"急难愁盼"问题。

城市问题的综合识别是对问题的判定与分类。首先，根据查找出的问题的属性及分布状况，将城市问题分为整体性问题和局部性问题。其次，根据查找出问题的轻重程度，通过具体指标、具体板块的计算评估，并结合城市文件调查结果的核实，将城市问题分为轻微问题、较严重问题和非常严重问题三种类型。

（2）体检成果转化。

在成果转化方面，江西省对城市体检的成果转化提出了六个方面的具体要求，包括"城市病"治理应对策略、城市建设行动计划建议、强化结果应用、对接江西省城市功能与品质提升三年行动方案、城市体检评估信息平台的建设、城市体检成果转化长效机制的建立。其中，在强化结果应用中提出，城市体检成果应对接政府工作报告，作为城市更新行动的前提依据与实施监测的手段，支撑"十四五"城市人居环境建设行动计划编制，对接江西省城市功能与品质提升三年行动方案，为完善相关政策提供参考。

城市体检工作成果为"1+2"形式，即由1个总报告和2个附件构成。总报告为城市体检结论性内容，2个附件为总报告的说明性材料，分别为城市体检指标分析报告和城市人居环境问卷调查分析报告，如城市开展了社会满意度调查工作，可增加社会满意度调查分析报告附件，形成"1+3"的成果内容。

（三）安徽省

安徽省住房和城乡建设厅于2021年4月发布《安徽省城市体检技术导则（试行）》（以下简称"导则"），由正文和附录组成，正文包括总则，术语，基本规定，宜居城市、绿色城市、韧性城市、智慧城市、人文城市体检内容以及成果要求；附录包括城市体检流程、城市体检指标体系、城市体检指标体系释义、社会满意度调查问卷示例和城市体检报告大纲示例。

1. 总则

总则介绍了城市体检的目的、适用范围、工作方案及流程、基本概念和相关规定。

工作方案及流程为城市人民政府研究制定城市体检工作实施方案，明确部门工作分工、计划安排、保障措施等内容，委托专业的城市体检技术服务机构开展相应工作。体检流程包括指标体系确定、数据收集和社会满意度调查、分析诊断、对策建议。

技术导则要求在开展城市体检时，应综合运用行业统计数据、遥感数据、社会大数据等，结合社会满意度问卷调查，客观分析多源数据，综合主客观评价结果，找出存在的问题和短板，提出解决问题的建议，形成城市体检报告。

2. 指标体系构建

《安徽省城市体检技术导则（试行）》的构建与安徽省住房和城乡建设厅近年来的工作重点与相关政策等内容密切相关。指标体系的构建原则包括：实施城市更新行动的内涵是转变城市开发建设方式，推动城市结构优化、功能完善和品质提升，深入推进以人为核心的新型城镇化，建设宜居、绿色、韧性、智慧、人文城市。

指标体系以坚持问题导向来构建，整体分为 3 个层级，包括 5 个方面、18 个类别、78 个具体指标。5 个方面为宜居城市、绿色城市、韧性城市、智慧城市、人文城市，18 个类别包含城市既有房屋改造、住房供应与保障、公共服务设施、生活交通便捷、生活健康舒适、生态环境、园林绿化、绿色建筑、绿色生活、绿色设施、排水防涝设施、海绵城市、市政基础设施、安全设施、新基建设施、新城建设施、城市特色风貌、历史文化保护，78 项具体指标指老旧小区改造率、空间质量优良天数比例、海绵城市达标面积比例、5G 网络基站密度、城市历史风貌破坏负面事件数量等。各市可在基本指标体系基础上结合自身实际情况，增加或优化体现地方特色的指标。

3. 指标分析评估

技术导则在附件中对 78 项城市体检指标进行了释义，包含指标解释、数据来源和对标依据，对标依据为国家规范及技术标准、安徽省人民政府及相关部门的政策文件，也可根据城市的规模及发展水平横向对比，或根据城市历年数据纵向对比。

4. 问题识别与成果转化

安徽省城市体检对问题识别没有给出详细的指引，只对城市体检的成果提出了要求，包括"2 报告 +1 表格"。"2 报告"为城市体检报告、社会满意度调查报告，"1 表格"为城市体检数据表。

城市体检报告的主要内容包括城市体检工作的主要思路、技术方法，城市整体概况，体检指标体系和计算结果，城市发展和城市建设中的主要成效、问题，以及相应的对策和建议等内容；城市体检数据表应准确说明城市体检各项指标的解释、计算方法、数据来源、现状数值、参考标准值等内容；社会满意度调查报告应包括调查对象和数量、调查方法、对城市发展和城市建设方面的满意度调查结论等内容。

（四）小结

1. 经验借鉴

基于上述对浙江省、江西省、安徽省城市体检技术文件的解读，可以从指南结构、指标体系、问题识别、结果转化、成果要求、社会满意度调查 6 个方面进行比较，比较内容如表 2-2 所示。

表 2-2　三省城市体检技术文件比较一览表

	浙江省	江西省	安徽省
指南结构	总则、体检内容与指标体系构建、体检问题识别与成果转化、体检成果要求、附件	总则、基本术语、指标体系构建、指标分析评估、人居环境问卷调查、城市问题识别、体检成果转化、成果要求、附件	总则、术语、基本规定、五大维度指标体系、成果要求、附录
指标体系	①住房和城乡建设部指标全部保留，形成3套评价指标；②城市综合体检：对标住房和城乡建设部指标体系；③城市专项体检：出台对应专项导则；④城市特色体检：各地市因地制宜	①住房和城乡建设部指标基本保留，局部修改，分市县两套、三级构建；②市级分为10大方面，34板块，118项；③县级分为10大方面，34板块，115项	①住房和城乡建设部指标局部保留，重新构建三级指标；②5个方面、18个类别、78项指标（33项为住房和城乡建设部指标，45项为新增特色指标）
问题识别	①未详细解释如何评估；②流程为指标分析、满意度分析、"城市病"识别、"城市病"治理	①分3个级别评估；②具体指标对应：A、B、C、D、E五种级别；③具体板块对应：优势、一般、三类问题；④具体类别对应：优势、尚可、存在主要问题	按5个方面进行分析：宜居城市、绿色城市、韧性城市、智慧城市、人文城市
成果转化	①实施城市更新行动的方向依据；②各类专项工作开展的前期研究与数据摸查；③城市发展运行状态的判断依据；④城市信息系统建设的数据基础；⑤与重点工作联动：运用到人居环境建设中	①"城市病"治理应对策略；②城市建设行动计划建议；③成果应用：政府工作报告、城市更新行动依据、"十四五"人居环境建设行动计划、城市功能品质提升三年行动方案、相关政策等	无详细解释

（续表）

	浙江省	江西省	安徽省
成果要求	①1表+1报告（基本成果）；②鼓励成果：1平台、体检指标空间分析图纸	1个总报告+3个附件：城市体检总报告，城市体检指标分析报告、城市人居环境问卷调查分析报告、社会满意度调查分析报告（可选）	1表+2报告：城市体检数据表，城市体检报告、社会满意度调查报告
社会满意度调查	不作重点要求，完全参照住房和城乡建设部与第三方编制的《全国城市体检社会满意度调查工作手册》	提出了调查范围、调查目的、调查人群、问卷数量、校核方法、问卷调查结果运用等要求	应包括调查对象和数量、调查方法、对城市发展和城市建设方面的满意度调查结论等内容

（表格来源：自绘）

其中，指标体系方面：浙江省将住房和城乡建设部2021年工作方案中的评价指标全部保留，形成了城市综合体检、城市专项体检、城市特色体检三套评价指标；江西省基本保留住房和城乡建设部的下发指标，局部进行修改调整，分为市、县两套评价体系，构建了三级指标体系；安徽省仅保留了住房和城乡建设部下发的指标中的33项指标，重新构建了五类三级的指标体系。

问题识别方面：浙江省未详细解释如何对指标进行综合技术评估以识别城市问题，仅提供了评估流程指引；江西省提供了详细的指标计算方法，分为具体指标（三级指标）、具体板块（二级指标）和具体类别（一级指标）三个层次进行指标评估与问题识别；安徽省仅要求按5个方面进行分析，未给出详细的综合计算方法。

成果转化方面（图2-4）：浙江省提出将城市体检成果作为实施城市更新行动的方向依据、各类专项工作开展的前期研究与数据摸查、城市发展运行状态的判断依据、城市信息系统建设的数据基础，并要求城市体检

图 2-4   问题识别与成果转化比较示意图
（图片来源：自绘）

需与重点工作联动，如运用到人居环境建设中；江西省提出了 6 个方面的具体要求，重点要求城市体检成果应对接政府工作报告，作为城市更新行动的前提依据与实施监测的手段，支撑"十四五"城市人居环境建设行动计划编制，对接江西省城市功能与品质提升三年行动方案，为完善相关政策提供参考；安徽省的技术文件未对城市体检的成果转化与应用提出详细的指引。

综上，三省的城市体检的核心工作均围绕指标体系构建、指标评价与问题识别、成果应用展开。在指标体系构建上，三省基本以住房和城乡建设部评价指标为基础，细化中类，增加子类；在指标评价与问题识别上，三省都给出了单项指标的评价标准；在成果应用上，三省要求提出"城市病"应对策略、对接政府工作计划、形成专项规划等。

2. 存在问题

通过对三个省份的技术文件进行解读，可以发现以下问题：在指标体系构建上，三省差异较大，缺乏理论支撑；在指标评价上，三省的技术文件对指标评价与问题识别缺乏有效指导，定性分析较多而定量计算评价较少，单一指标的评价多而整体的综合评价少；在成果应用上，三省在城市体检与城市规划、建设和管理的衔接方面还有待提升。

三、全国试点城市经验

（一）全国试点城市名录

2019 年，住房和城乡建设部在全国范围内开展城市体检试点工作，试点城市 11 个，分别是沈阳市、南京市、厦门市、福州市、景德镇市、长沙市、广州市、海口市、成都市、遂宁市、西宁市。

2020 年，住房和城乡建设部进一步扩大城市体检试点范围，试点城市在 2019 年的基础上增加了 25 个，共计 36 个。2021 年在 2020 年的基础上增加了 23 个，共计 59 个。2022 年和 2023 年仍然维持 59 个不变。

（二）全国试点城市经验总结

1. 指标体系

本书以广州市、厦门市、郑州市、南京市、长沙市、重庆市等作为典型案例进行研究。各地体检指标体系构建方法均采用在住房和城乡建设部基本指标的基础上进行指标增减，增加指标重点结合地方特色进行考虑。

广州市：结合广州市的城市发展目标和特色，研究制定广州市的城市体检指标体系。注重指标的问题和民生导向，更好找到重难点与痛点，多次征求部门和专家意见，对常规性、模糊性、争议性指标进行调整。依照指标调整原则（指标有效性、可采集性原则），结合住房和城乡建设部意见，调整1项核心指标、13项重点指标。依照指标新增原则，结合广州市城市发展目标，新增6项特色指标。

厦门市：结合城市发展特色，构建特色指标。特色指标有消防救援5分钟可达覆盖率、城市公众安全感满意度调查、综合管廊长度（千米）、国际枢纽指数、岛内外活跃人口变化、近岸海域水质达标率（%）、岛内外GDP与基础设施投入比、滨海休闲岸线长度比例（%）。

郑州市：选取"通达郑州、幸福郑州、经济高质量发展、跨境电商"4大特色专项。从通达郑州（城市快速路覆盖率、城市轨道交通1千米覆盖率、高铁网络中心度、航空网络中心度）、幸福郑州、经济高质量发展（经济规模、实际利用外资占GDP比重、经济密度、每万人专利授权数）、跨境电商四大方面选取指标。

南京市：综合考虑南京市的城市阶段性特征，南京市既有的"对标找差"工作，"创新名城、美丽古都"的目标要求，城市居民最关心的问题，以及参考借鉴其他城市指标，增加了4项指标，包括海绵城市建设达标率、万元GDP用水量、美丽宜居乡村建成率、工业战略性新兴产业总产值占工业总产值比重。

长沙市：在进行体检之前，首先对住房和城乡建设部提出的所有指标进行认真研读，根据"可获取、可计算、可反馈、可追溯"等原则，对原指标进行删除或调整（计算方式），最终剩余48项。结合长沙市自身特点和时代背景，新增每千人传染病床位数、常住人口注册健康码率、适龄儿童入园率、健康社区（村）所占比例、各区县市场食品卫生抽检合格率、各区县区域噪声平均值、完整社区覆盖率、城市高温区域比例、城市道路无障碍设施覆盖率、刑事案件发生率、历史步道密度、抖音打卡地丰富度排名共 12 项指标。

重庆市：围绕社会化和智能化，在工作体制机制上有所创新，突出公众参与、智慧诊断与成果应用。民生导向、突出公众参与，把居民关注度最高的方面转化为补充指标以加强监测，同步推动"边检边改"，搭建起多方共治的协作平台。更新转化，逐步完善分级体检应用机制，根据四大维度新要求，探索搭建 "城市、区（县）、街区（社区）、小区（住房）"四级城市体检体系，推动城市更新机制，围绕人口、功能、空间三大要素的价值匹配设计体检指标，丰富监测维度（图 2-5）。在智慧治理方面，搭建城市体检信息平台，实现建筑信息、用地信息、交通路网、兴趣点（Point of Interest，POI）、手机信令、社区问卷、满意度调查、居民提案等多源数据的统一集成。

2. 指标评价与问题识别

指标评价与问题识别主要分为三大步骤，即单一评价、指标校核、综合判别。

单一评价：横向对比，参照国内外先进城市指标水平，反映指标的更高要求；纵向对比，同时观测同一指标的近几年变化情况，将城市发展目标与"十四五"规划、专项规划确定的发展目标进行对比；规范标准对比，与相关规范标准进行对比。

指标校核：结合主观指标进行满意度调查和实地调研，并积极建设体检信息平台，实现数据集成和动态监测。

综合判别：存在什么样的"城市病"？什么程度的"病症"？

图 2-5　重庆市区级城市体检指标体系图
（图片来源：重庆市城市体检汇报文件）

3. 成果应用

成果应用包括五大方面，分别是发布年度城市体检报告、对城市发展提出建议和对策、制定项目清单、提供基础支撑、构建评估机制。

发布年度城市体检报告：明确城市优势、城市需进一步改善的地方等。

对城市发展提出建议和对策：落实到政府工作行动中，明确城市治理重点方向与责任部门。

制定项目清单：城市建设年度计划和建设项目清单的重要依据。

提供基础支撑：为"十四五"的相关专项实施方案、城市更新、行动计划的编制提供支撑。

构建评估机制：通过建设省级和市级城市体检评估信息平台，对接国家级城市体检评估信息平台，加强城市体检数据管理、综合评价和监测预警。

四、湖北试点城市经验

2021 年，湖北省进入国家城市体检试点的城市有黄石、武汉，进入省级城市体检试点的城市有襄阳、宜昌。

（一）武汉市

武汉市城市体检指标体系由"基础指标 + 特色指标"构成（图 2-6）。2021 年，武汉市城市体检将住房和城乡建设部下发的所有指标全部纳入城市体检指标体系，根据自身特色和疫情防控背景，新增了河湖水面率、中心城区抽排能力、万人传染病床位数和轨道交通 800 米覆盖率 4 个指标。

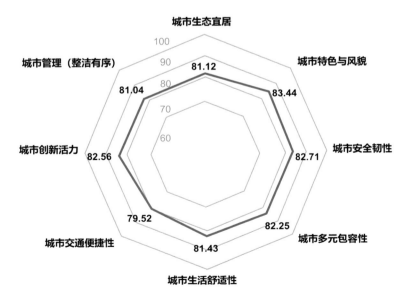

图 2-6　武汉市城市体检指标体系
（图片来源：武汉市城市自体检报告）

在问题识别与评价方面，武汉市采用多层对比的方法，"对症下药"，形成"监测—诊断—治疗"闭环。武汉市经过满意度调查及多层对比，共找出生态环境质量有待优化、社区现代化建设相对滞后、城市韧性能力有待提高、道路交通设施建设存在短板、房价收入比偏高5项城市短板。

在成果应用方面，武汉市进行了问题分析并给出了对策建议（项目库）。根据总体分析结果，城市高质量发展的8个分项指标差异不大，均在80分左右，其中在城市风貌特色方面表现较好，而在交通便捷方面表现较差。

"处方"重塑健康标准，促进健康城市发展：注重生态建设，锚固长江、汉江及东西山系构成的"十"字形山水生态轴，主动保护六大绿楔，打造高品质郊野公园，强化社区绿道覆盖。

改善人居环境，营造宜居城市：实施《武汉市老旧小区改造三年行动计划（2019—2021年）》，建设老年友好型社会。

绿色交通：推动"轨道+慢行"的绿色交通建设，提升"行人友好"的交通系统功能，建设停车供给体系，营造"内高外低"的停车收费标准。

住房供应体系：加快建立以政府为主、提供基本保障、满足多层次需求的住房供应体系等。

公共卫生韧性设施建设：加快大型公共建筑应对公共卫生事件平战结合的改造和新建工作，提升城市医疗废物的处置能力。

在实施项目库方面，为支撑武汉疫后重振，武汉市迅速启动4所平战结合综合医院选址建设工作。遵循"三镇均衡、平战结合、防护安全、交通便捷"的思路，确定了医院"1000+1000"和"800+500"两类"常备+拓展"的床位规模标准，以及配套的"建设+预控"空间布局方案。这些做法既能保障应急救治能力，又能兼顾新城区日常综合诊疗服务，系统优化了城市医疗卫生资源分布。

（二）黄石市

2021 年，黄石市城市体检指标体系由"基础指标 + 特色指标"构成。根据城市特色、发展存在的问题、城市发展目标，结合指标获取的可获取性、可操作性，对基本指标进行微调，并因地制宜地增加城市特色指标（图2-7）。

黄石市10项特色指标

目标	个数	特色指标
生态宜居	1	建成区绿化率
安全韧性	2	燃气设施入户检测率、桥梁安全等级
风貌特色	1	工业遗产活化利用率
整洁有序	1	停车位与机动车数量比
健康舒适	1	职住异地比率
交通便捷	1	每万人拥有公共汽车数量
多元包容	1	公共租赁住房利用率
创新活力	2	实际服务人口与常住人口比值、产业结构转型水平

图 2-7　黄石市城市体检特色指标
（图片来源：黄石市城市体检汇报文件）

问题识别与评价从多维校核、科学诊断方面进行。黄石城市体检形成了以政府官方数据为主，综合收集互联网大数据、遥感数据、手机信令数据、百度街景、问卷调查数据等多源数据为辅的指标数据校核模式。通过大数据分析平台，实现了直辖区相关数据的统一高效采集、数据交换、系统分析、动态模拟，提高了体检工作的效率和智能化水平。

在分析诊断过程中，从横向对比、纵向对比、城市发展目标对比和规范标准对比四大维度出发，结合主观指标的满意度调查和实地调研，综合判别黄石存在什么样的"城市病"和什么程度的"病症"（图2-8）。

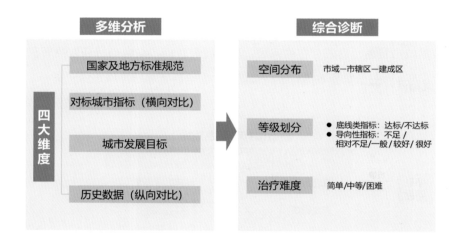

图 2-8　分析与诊断
（图片来源：黄石市城市体检汇报文件）

在成果应用方面，有"1报告、4清单"，其中"4清单"具体如下。

城市发展优势清单：对标同类城市，挖掘黄石发展优势，彰显城市自信。

城市发展短板清单：对比发展目标与历年数据，聚焦黄石人民关心的热点问题，评价各类指标现状短板情况，诊断"城市病"。

城市建设项目清单：针对诊出的"病症"，制定城市建设项目清单，包括25项城市近期建设项目和34项中远期建设项目，系统谋划下一步城市建设。

城市治理政策清单：结合部门事权，制定可实施落地的城市治理专项行动方案，提出44项相关部门政策引导建议，明确城市治理重点方向。

城市更新，体检先行。《黄石市申报全国城市更新试点工作方案》逐项落实了城市体检中的目标任务、更新单元、重点项目和实施时序（图2-9）。

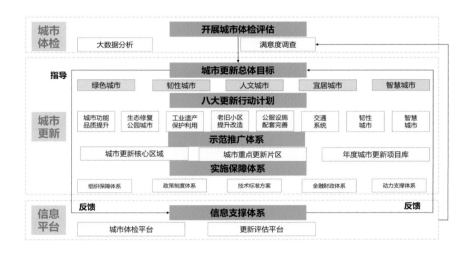

图 2-9　黄石市申报全国城市更新试点工作框架
（图片来源：黄石市申报全国城市更新试点工作方案）

（三）宜昌市

2021 年，宜昌市城市体检指标体系由"基本指标＋特色指标"构成。宜昌市以住房和城乡建设部下发的 65 个指标为基本指标体系，结合城市发展实际增加特色指标，形成"65+3"的指标体系。

在问题识别与评价方面，从四大维度对标分析指标数据，进行问题识别与评价。对标数据是评价自体检现状指标发展水平的依据，是发现城市问题、找准与其他城市差距的主要标准。数据主要来源为网上公开大数据，包括政府门户网站、知名研究机构年度报告、城市统计报表等。

在国家规范标准方面，以国家、部委及省公开发布的相关规范标准为依据，明确相关指标的国家标准要求。城市发展诉求以城市政府当年施政方针、"十四五"规划纲要要求及各部门"十四五"发展要求为依据，明确相关指标的目标要求作为城市发展导向。同类城市发展水平对标同等城市及领先城市在相关指标上的发展情况，通过横向对比，找准差距和不足。城市自身发展趋势以城市近 5 年同类数据的发展情况为依据，明确近年来该项指标的发展趋势，判定城市发展的健康状况。

成果应用方面，识别城市总体发展水平和特征，研判城市突出问题和短板，明确城市建设的重点方向：一是以"东进北拓"引领空间拓展方向；二是以"公园城市"厚植山水生态底色；三是以"蛛网布局"完善道路交通网络；四是以"未来社区"优化公共服务供给；五是以"水气医防"强化城市安全韧性；六是以"一江两岸"提升城市风貌特色；七是以"青年洼地"提升城市发展活力；八是以"美丽街区"提升城市精管水平。

五、小结

综合对比研究住房和城乡建设部历年城市体检工作方案、其他省份城市体检技术导则、各试点城市经验，可以看到，在指标体系构建、指标评价方法、成果应用三个方面均存在相似与差异之处。

1. 指标体系构建：住房和城乡建设部指标 + 自选指标

各试点城市在开展城市体检工作中，基本保留了住房和城乡建设部指标。同时，在各自目标导向下，结合政策文件、地方标准、规范、建设实践和地域特色等选取了部分有代表性的指标，构建了集住房和城乡建设部指标及地方特色指标于一体的综合指标体系，内容侧重各不相同。

2. 指标评价方法：单一指标评价＋社会满意度

多个试点城市的城市体检实践探索经验显示，指标评价的方法主要为将单一指标评价和社会满意度调查相结合进行综合研判。首先对单一指标进行评价，即对标标准、目标值以及横纵向对比，然后结合主观指标进行满意度调查和实地调研，最后将二者相结合开展综合研判。

3. 成果应用：年度计划、项目库、信息平台建设等

各试点城市在成果应用方面虽各有侧重，但总体趋于相同：发布年度城市体检报告；对城市发展提出建议和对策并落实到各责任部门；制定项目清单，作为城市建设年度计划和建设项目清单的重要依据；为各专项实施方案的制定提供基础支撑；建设信息平台，构建评估机制，加强城市体检数据管理、综合评价和监测预警。

第三章

研究方法篇

一、研究思路

以住房和城乡建设部方案、其他省市导则、全国试点城市和湖北省试点城市为研究基础，对城市体检的内涵进行全新探究，基于目标、问题、结果三个导向，构建"三位一体"研究框架，以期最终建立"发现问题—整改问题—反馈调校"的工作机制。

以城市生命体为理论支撑，以住房和城乡建设部城市体检指标体系为基础，包括住房、小区（社区）、街区、城区（城市）四大维度，结合湖北省地方特色，建立覆盖都市圈、地级市（州）、县（区）级不同尺度的湖北省城市体检指标体系。提出单因子评价与综合评价相结合的城市体检评价方法。在成果应用方面探索城市体检工作对于推动城市更新及提升城市精细化治理的作用，包括为政府工作提供决策建议、对城市规划进行评估论证、制定城市建设工作年度计划、提出部门工作建议、构建信息平台等。

二、研究重点

（一）构建系统全面的指标体系

根据住房和城乡建设部城市体检工作方案分析，自 2019 年以来，城市体检指标体系每年都有较大的变化。从各地的探索实践来看，各地自选指标多围绕反映问题及发展目标展开。

构建全面系统的指标体系，便于地方开展稳定且动态连续的年度监测。指标体系围绕"内核 + 基础 + 参考"三位一体的思路展开，以人居环境科学理论评价三级模型为内核，以住房和城乡建设部工作方案中稳定出现的指标体系为基础，以体现湖北省地方特色的指标体系为参考。

（二）提出科学合理的评价方法

多个试点城市的体检评估实践探索经验显示，城市体检的重点在于通过指标评价找出问题和病症，科学合理的指标评价方法是城市体检结果客观公平的保障。

在研究国内外对于指标体系评价的方法和理论模型基础上，总结经验并提出适用于城市体检的方法。按照分类、分级评价的原则，通过单因子评价法与综合评价法相结合的方法，确保评价结果的科学性、真实性、可指导性。

（三）探索城市体检工作应用机制

住房和城乡建设部 2019 年和 2020 年的城市体检工作方案并未对城市体检成果应用提出要求。自 2021 年起，工作方案明确了体检报告的成果应用，强调了城市问题对策建议和整改措施，均可作为编制"十四五"城市建设相关规划、城市建设年度计划、建设项目清单的重要依据。

但城市体检的应用涉及城市规划、管理、建设领域的多层级、多方面衔接，是一项机制问题，需要有完善的政策、管理、技术保障。应围绕以城市体检推动城市更新及治理水平为目标，探索城市体检的成果应用与保障机制。

三、研究目的

城市自体检的核心工作围绕指标体系构建、指标评价与问题识别、成果应用展开。

以住房和城乡建设部城市体检指标体系为基础，结合湖北省地方特色，构建系统全面的指标体系；提出单因子评价与综合评价相结合的科学合理的城市体检评价方法，在此基础上进行提炼总结，制定城市体检技术导则，指导湖北省各城市高效开展体检工作。

四、研究框架

以住房和城乡建设部方案、其他省市导则、全国试点城市和湖北省试点城市为研究基础，对城市体检的内涵进行全新探究，基于城市生命体，梳理出五大层面下的城市体检的重点内容，结合试点城市指标，建立覆盖"都市圈—地市（州）—县（区）"多层级、"城区（城市）—街区—小区（社区）—住房"多维度的湖北省城市体检指标体系。

提出多级指标分类、差异化分级评价标准等城市体检关键诊断方法和成果应用，包括指标构建、对标参考、标准制定、综合诊断的全面系统的综合评估方法、信息平台构建、政府工作计划和建设实施项目库的制定等（图3-1）。

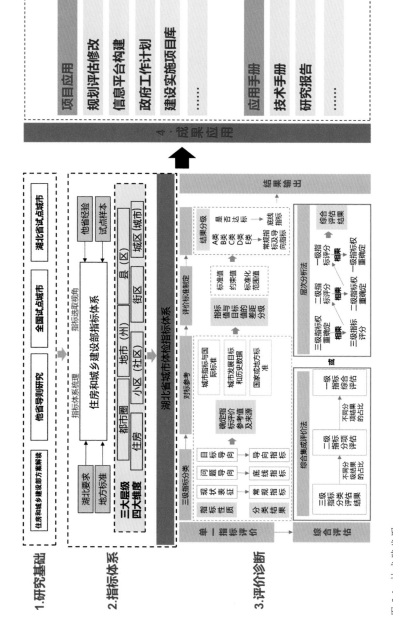

图 3-1 技术路线图
（图片来源：自绘）

第四章

指标体系篇

一、国内外理论基础

（一）国内外理论发展过程

20世纪六七十年代起，人类社会经济的迅速发展导致的环境问题频发，为衡量城市发展水平，各种与社会环境等密切相关的发展指标体系被提出。到20世纪八九十年代，许多国家、组织和企业开始系统地制定一系列发展指标体系，以评价城市发展水平。国际上被广泛接受的研究框架包括著名的"联合国可持续发展指标体系"、世界银行的"世界发展指标"、经济合作与发展组织（Organization for Economic Co-operation and Develop，OECD）白皮书中的"经济、环境、社会统计"、欧盟制定的"可持续性指标"等。从提出指标至今，发展指标体系多种多样，目前对于城市体检工作的研究多数基于特定目的、"城市病"、研究区域等，结合相关理论体系进行城市体检评估指标体系构建，而如何构建更加可靠、维度更加多元、框架更加完整的城市体检评估指标体系是当前城市体检研究的关键，亦是城市体检规划实施者亟须解决的难题。

（二）国内外理论模型

城市体检就是在对城市问题进行全方位、多尺度识别的基础上，及时给城市"把脉问诊"并加以"治疗"。将城市看作一个"生命体"，将生命科学中的技术和思想引入城市科学中来，逐步从最初的"空间机器"（自上而下的组织形式）转向"有机生命体"（自下而上的进化过程）。城市体检就是检查城市"病"在哪儿，然后对症下药，进行系统、科学、精准治疗的过程。目前，国内外学者为了建设更加优良的城市，提出了众多理论模型，为城市体检工作积累了丰富的理论与实践经验。

1979 年，David J. Rapport 和 Tony Friend 提出的 DPSIR（驱动—压力—状态—影响—响应）概念模型认为，社会和经济的发展（驱动力）对环境产生压力，并导致环境的状态发生改变或形成潜在影响，最终引发社会对驱动力的反应，或者直接反映在压力、状态或者影响上。该理论模型适用于任何尺度的研究，大到全球范围，小至集水区尺度，且支持集成的、多维度的城市发展评估。黄志烨、黄经南等学者结合 DPSIR 概念模型并考虑城市的实际情况，综合构建了城市发展评价指标体系。

1981 年，布朗提出了可持续理论，认为城市可持续性是经济、社会和环境三个主要系统之间的协调发展，环境因素在可持续城市发展中扮演着越来越重要的角色。1992 年，在里约举行的联合国环境与发展大会提出了协调人口（population）、资源（resources）、环境（environment）和发展（development）（即 PRED 系统）的相互关系，受到世界各国的普遍关注，走可持续发展的道路成为全球 21 世纪追求的基本目标。根据 PRED 系统的观点，某一区域的人口、资源、环境和发展之间通过相互作用、相互影响和相互制约关系而构成有机联系的统一体，即区域是由 PRED 系统构成的一个自然、社会和经济复杂巨系统，其理论实质是在一定时期和科学技术条件下，经济社会在人口、资源和环境三个约束条件下持久、有序、稳定和协调地发展。郑德凤等学者通过深入研究分析 PRED 系统，认为该系统中人口是核心，发展是目的，资源和环境是保障与前提，一切经济活动都需要以人为根本，是针对城市群可持续发展能力进行综合评价的系统。Zhang Danning 等通过强调环境保护和资源需求，建立了资源节约—环境污染—生态恢复—社会经济发展相互关系，构建了基于理论含义的城市环境可持续性评价指标体系，并证明了环境可持续性与其维度的耦合协调。

1996 年，联合国人类住区规划署（United Nations Human Settlements Programme）在第二次人居大会上首次提出了城市发展指数概念，这是为评价城市可持续发展所创建的指标体系，反映了以经济和人口福祉为主的社会发展状况和管理的有效程度。相较 GDP 等单一维度的指标，城市发展指数是能够较为全面地衡量城市建设发展的指标。郭慧文等基于城市发展指数建立了健康、教育、基础设施、废物处理和城市产值等指标之间的相互联系，反映城市的社会经济建设情况，衡量城市管理的有效程度，较为全面地衡量城市建设发展状况。

2009 年，Ostrom 提出了社会—生态系统（urban social-ecological systems，USESs）理论，认为发展处在直接环境（生态）和间接环境（社会）之间，系统之间相互作用，影响发展过程。崔学刚等在此基础上认为城镇化与资源环境承载力的关系更为直接，应重视资源子系统，构建一个开放、复杂和动态的城镇化—资源—环境系统（urbanization resources-environment system，URE），该系统各目标层之间相互作用、相互联系，具有特定的结构和功能。

2012 年，联合国人类住区规划署提出了城市繁荣指数（city prosperity index）概念，认为繁荣的城市应具备如下基本特质。

①生产力：推动经济增长与发展。

②基础设施：有效发挥基础设施、固定资产和公共设施的作用。

③生活质量：提供社会服务，改善生活水平，确保安全与安定。

④平等及社会包容：保证财富和福利的平等分配，根除贫困。

⑤环境的可持续性：创造财富的同时，保护城市环境，保育自然资源。

该构想源自对城市活力及其变革性动能的有力确认，将繁荣纳入"以人为本"的议程，作为城市走出危机、迈向繁荣的引擎，适用于区域发展潜力的评估。

2015 年，联合国提出的 2030 可持续发展目标（sustainable development goals，SDGs）制定了 2015—2030 年的人类社会发展目标。第 11 大类目标（SDGs11）"可持续城镇"，被视为 2030 年城市的普遍愿景，是城市可持续发展需要达到的最低标准。可持续发展指数系统地覆盖了城市住房、交通便利性、公平性、安全性、城市灾害弹性、清洁的空气、绿色和公共空间、公众参与等多个方面，适用于全球层面对城市可持续的评价。王鹏龙等基于城市功能角度，以 SDGs11 提出的可持续城市内涵为核心，从城市包容性、城市安全性、城市便宜度、城市抵御力和城市清洁度 5 个维度构建了反映城市发展相关问题的本地化指标框架体系。

（三）小结

目前对城市发展评估的指数或理论框架以单一维度为主，如资源评价、社会发展评价、可持续发展评价等，但仅考虑单一层面构建城市评价体系，不足以对城市整体状况进行评估。如果把城市看作一个生命体，那么城市便是一个由不同子系统组成的复杂巨系统。各子系统既彼此独立又相互联系，是一个内在的统一体。城市生命体依靠各子系统的协同作用来实现其健康与活力。但目前对城市生命体理论的解读尚处于表层含义，缺少与城市体检维度的适配性、契合度分析。应基于城市生命体理论基础，深入挖掘其理论内涵，构建系统全面的城市体检指标评价体系。

二、指标体系构建思路

（一）指标体系构建原则

根据不同层级体检的侧重点，以住房和城乡建设部城市体检为基础，结合区域实际发展目标、区域特色、现实问题进行指标设计与选取，使地级及县级城市的指标能够更加精准地反馈城市中存在的问题。

在指标设计方面，构建基础性指标与推荐性指标相结合的综合指标评价体系。以2023年住房和城乡建设部城市体检方案中的指标为基础性指标，涵盖"城区（城市）—街区—小区（社区）—住房"4个维度，考虑"都市圈—地市（州）—县（区）"多层级，并在国家及湖北省地方标准、湖北省流域综合治理和统筹发展规划、各部门"十四五"规划、其他省城市体检经验、湖北省试点城市经验指标的基础上，严格遵循可获取、可计算、可评价三大要求选取推荐性指标。

在指标选取方面，构建具有地域特色、视角多样、事权明晰、数据易得的评价指标体系。注重特色化，对地方规划和政策标准进行评价，体现湖北地方特色；事权明晰化，强化住房和城乡建设部门的事权责任，便于城市建设与规划管理；指标系统化，兼顾数据的易得性与指标体系的科学合理性。

（二）指标体系理论依据

城市生命体理论是现代城市日益复杂化和生命科学研究不断突破情形下必然会出现的新概念或新视角，为研究城市及城市土地、城市生态环境等提供了新的认知基础和丰富的技术方法。"城市生命体"概念全面、客观、动态、辩证地反映了城市的本质特性，对城市治理的理论和实践有重要的借鉴和指导价值。

20世纪后期，微观生物学领域的发展给了宏观生命现象全新的解释。这也直接引起了哲学认知领域的变革，并逐渐引起各个学科领域认知思想的变化。在城市研究方面，人们开始认识到城市和生命在很多方面都具有相似性，如它们都具有复杂、自组织、主体性等基本特性。各方面的比较奠定了两个概念被放在一起研究的基础。

霍华德在《明日的田园城市》一书中提出了一种社会改革思想，即"用城乡一体的新社会结构形态来取代城乡分离的旧社会结构形态"。他认为，田园城市是为安排健康的生活和工业发展而设计的，应该兼具城市和乡村的优点。这种观点重视和强调了城市生命体的生态性与整体性，虽然具有浓厚的理想主义色彩，但还是对当时乃至今天的城市规划和城市管理产生了重要影响。

格迪斯受到达尔文进化论的启发，认为城市也是不断自我更新、自我进化的有机体，主张应该从时序发展的纵向视角来研究城市形态和功能的演变。

芒福德在1938年出版的著作《城市文化》中提到，在研究城市规模时可以借鉴生物学中细胞的发展规律。他认为城市的规模不应该无休止地扩张，而应与细胞的生长规律一致，当细胞大小超过某一规模临界值时就会发生分裂。即对于城市来说，城市的扩张应该逐步变为多个独立单元的有序整合，而非城市边缘的无序蔓延。

沙里宁在20世纪初期提出了城市有机疏散理论，他在《城市：它的发展、衰败与未来》一书中指出，城市建设和城镇设计的过程基本上同自然界任何活的有机体的生长过程相似，而且，既然活的有机体的基本原则彼此之间并无不同，那么完全可以对一般的有机生命的原则进行研究。显然，他也将城市看作有机生命体，强调城市建设要符合"有机秩序"的基本原则，城市的各种要素应组成一个和谐统一的有机体。他认为城市由许多"细胞"组成，城市有机体通过细胞的繁殖生长而实现规模的扩大，提出应将道路视为城市有机体的动脉和静脉，应借鉴生命体不同器官的空间结构，将城市的功能布局进行调整疏散，以解决大城市过分膨胀所带来的各种弊病。

柯布西耶认为自然创造的人体具有天生的协调性和美感，在城市设计和治理实践中应考虑将城市的功能与人体器官的功能作对比，从而提升城市的和谐度与美感，例如城市的中心就相当于人的心脏，城市的政府就相当于人的大脑。

科斯托夫则具体指出人和城市的规模扩张都是出于完善自身功能的需求，他认为城市中的工业革命带来的污染等问题和贫民窟的存在就相当于人体致病的病因，必须及时发现并清除。

丹下健三在 1960 年提出了以生物学概念命名的"新陈代谢主义"，将城市的交通和通信系统比作人体的神经系统，并借鉴人体脊柱的构造提出了"东京湾 1960 规划方案"，即基于"城市轴"和"索状交通系统"的发展模式。

国内建筑与城市规划理论和实践发展同样借鉴了城市与生命体类比的思想，如城市有机更新理论的提出者吴良镛主张：城市永远处于新陈代谢之中，居住区内的住房更是如此……保留（相对）完好者，逐步剔除其破烂不适宜者。在城市有机更新理论的支撑下，由吴良镛主持的北京菊儿胡同改造等典型试验项目取得了巨大成功，也推动了国内建筑规划理念从"个体保护"到"整体保护"的社会共识。

国内在城市生命体理论方面的研究成果数量不多，主要集中在城市生命体概念界定、运行机制等方面。

部分研究主张通过分析城市的生命特征来建立对城市的重新认识。如李后强认为，城市生命体具有新陈代谢、生长发育和应激性等"五大特征"，还具有城市管网越畅通城市越有生命力、城市文化越繁荣城市越有记忆力等"五大定律"。

部分研究从不同角度探讨生命机制、城市生命体等概念在社区管理、土地利用演化、生态系统评价等领域的应用，具有一定的理论和应用价值。李德国认为，如同生命体一样，社区的健康运作需要社会各要素之间有效连接，相辅相成。

还有一些研究则在不断深化对城市生命体认识的基础上，逐渐进入城市治理的更深层次理论架构和实践应用中来。文宏指出，城市生命体是人与城市、城市与自然所形成的治理共同体，能够实现城市内部与外部有规律的"新陈代谢"，具有社会化、法治化、智能化、专业化和人性化的特征。这一看法强调了城市本身作为生命体的特性，以及建立在这个认识基础上的社会治理理念和架构。

吴晓林认为，城市生命体具有"两极四维八卦"特性，需要从多视角、多维度去理解城市的特性，在此基础上建立城市治理实践的模式，并指出当前的城市治理要立足于中国的现实，迈向结构性、整体性的社会治理。

胡贵仁认为"城市生命体是城市发展的高级阶段和新兴形态，也是集整体性、非均衡性和适应性为一体的复杂动态系统"。城市生命体面临着多重风险，因此，需要通过城市体检以实现城市治理的多重价值。

可见，当前中国学者已经对城市生命体特性有所认识，并将城市的自然特性与社会特性相结合，通过城市体检积极探索、识别和解决城市问题。

城市生命体强调城市是在人类社会发展过程中一定区域内形成的，以非农业人口为主体的，人口、经济、政治、文化高度聚集的，具有新陈代谢、自适应、应激性、生长发育和遗传变异等典型生命特征的复杂巨系统。

几乎所有生命体在内部要素组织方面都表现出很清晰的层次结构特征，以高级生物体为例，从微观到宏观，由细胞、组织、器官、子系统到有机整体，呈现出层次化结构。每一个层次都有其独特的物质形态结构及功能，各个层次之间又存在着相互联系的紧密关系。正是在这种有序的层次结构下，生命体不断地生长和发育，完成各种功能。与高级生物体类似，城市生命体无论是物质系统还是非物质系统（文化、行政组织等），也都具有非常明显的层次结构。城市生命体的结构跟生物体一样，也是层层相依、紧密相连的。各个城市生命体相互连接，形成了区域生命体网络，同时城市生命体内部结构从微观到宏观也形成了 4 个主要的层次——城市生命体、城市生命体子系统、城市生命体组织单元、城市生命体细胞单元。这几个层次充分体现了城市体检的"都市圈、地市（州）、县（区）"3 个层级和"城区（城市）—街区—小区（社区）—住房"4 个维度，形成了系统完善的城市生命体联系。

2020 年 3 月，习近平总书记在武汉考察的时候指出："城市是生命体、有机体，要敬畏城市、善待城市，树立'全周期管理'意识，努力探索超大城市现代化治理新路子。"因此，开展城市体检、研究"城市病"问题，应以城市生命体理论为指导，遵循城市整体认知、要素广泛联系和阶段动态演进的观点，整体、系统、辩证地全面研究。

（三）指标体系构建路径

1. 城市体检与城市生命体关系构建

通过剖析城市生命体理论的层次内涵，并与城市体检 3 个层级和 4 个维度进行适配度分析，发现它们存在一对一或一对多的对应关系。

城市生命体组成的"区域生命体网络"，由众多复杂城市生命体相互联系、相互作用，共同构成区域网络联系。用以表征区域范围联系，与城市体检指标体系层级中的"都市圈"相对应。

城市生命体由各种细胞、组织单元和子系统协调配合共同组成。一个城市生命体就是一个完整的城市，用以表征城市综合发展和城区范围内城市各方面建设与管理问题，与城市体检指标体系层级中"地市（州）和县（区）"、维度中"城区（城市）"相对应。

城市生命体子系统数量众多，各子系统既彼此独立又相互联系，是一个内在的统一体。不同或相同组织单元按照一定的规则有机结合在一起形成子系统，以完成某项功能。子系统是构成城市生命体的直接要素，用以表征城市某区域范围内建设与管理的问题，与城市体检指标体系维度中的"街区"相对应。

城市生命体组织单元由不同细胞根据一定的目的，并按照一定的规则、比例，以直接或间接的参与方式组成。组织单元是介于城市生命体组成要素与子系统之间的中间层次，用以表征城市某社区单元范围内建设与管理的问题，与城市体检指标体系维度中的"小区（社区）"相对应。

城市生命体细胞单元是组成城市生命体的最基本单位，如可以单个地块为基本单元，其所承载的城市组成要素（包括构筑物、附着物）作为细胞的内容，并以此区分细胞的类型。细胞单元用以表征城市单体建筑建设与管理的问题，与城市体检指标体系维度中的"住房"相对应。

2. 城市体检一级指标构建

（1）都市圈层级。

都市圈层级高于一般城市，因此单独构建一级指标，包括"人口集聚""产业发展""交通建设""消费活力""土地利用""生态本底"六大方面。

"人口集聚"表征区域内人口现象的发生、发展过程及规律。

"产业发展"表征区域内各企业间的相互作用关系、产业本身发展、产业间互动联系以及空间区域中的分布。

"交通建设"表征区域内交通活动和交通网络的分布与演变规律。

"消费活力"表征城市经济发展的重要推动力，即区域内的消费热情和消费能力。

"土地利用"表征在城市化进程中，区域内土地资源与城市化主体的互动关系及演化规律。

"生态本底"表征区域内城市生态系统的结构、功能、演变规律。

（2）地市（州）和县（区）层级。

地市（州）和县（区）层级下均包含"住房""小区（社区）""街区""城区（城市）"4个维度，即为一级指标。

"住房"表征供人居住、生活或工作的房子的综合情况，是构成城市居住空间的基本单位。

"小区（社区）"表征在城市一定区域内，具有相对独立居住环境的大片居民住宅集合，对应行政管辖单元的居委会一级。

"街区"表征在城市一定区域内，由道路所包围分割的区域，包含若干小区或社区，具有相对独立公共环境的地区环境，对应行政管辖单元的街道一级。

"城区（城市）"表征一个复杂、多功能的城市整体，形成复杂且处于动态变化之中的自然—社会复合的巨系统，对应行政管辖单元的地市（州）和县（区）一级。

3. 城市体检二级指标构建

（1）都市圈层级。

都市圈层级下包含"人口集聚""产业发展""交通建设""消费活力""土地利用""生态本底"6个一级指标，每个一级指标下均细化分解出"规模等级""联系强度""区域特色"3个二级指标。

"规模等级"表征都市圈、都市圈中地市（州）或都市圈中县（区）在某一方面的总体规模、省内外所处地位、当前发展等级的具体情况。

"联系强度"表征都市圈、都市圈中地市（州）或都市圈中县（区）在某一方面的流动趋势、互联互通程度和吸引强度。

"区域特色"表征都市圈、都市圈中地市（州）或都市圈中县（区）在某一方面拥有的特色优势和承担的功能定位。

（2）地市（州）和县（区）层级。

地市（州）和县（区）层级下包含的住房、小区（社区）、街区、城区（城市）4个维度下细分的一级指标,每个一级指标下细化分解出若干二级指标。

①将住房细化为"安全耐久""功能完备""绿色智能"3个二级指标。

"安全耐久"表征住宅房屋质量和使用寿命。

"功能完备"表征住宅应具备的起居、饮食、洗浴、就寝、储藏、工作、学习等基本功能和功能空间配置。

"绿色智能"表征住宅充分利用环境自然资源,且不破坏环境基本生态平衡条件。

②将小区（社区）细化为"设施完善""环境宜居""管理健全"3个二级指标。

"设施完善"表征小区配套建设的公共服务设施、道路和公共绿地的完善程度。

"环境宜居"表征小区所在的绿化环境、治安环境、商业环境、教育环境等。

"管理健全"表征小区管理主体对房屋及配套的设施设备和相关场地进行维修、养护、管理并且维护物业管理区域内的环境卫生和秩序的活动。

③将街区细化为"功能完善""整洁有序""特色活力"3个二级指标。

"功能完善"表征街区内公共服务设施和公共活动空间配置的完善程度。

"整洁有序"表征街区内干道、支路、街巷及线性市政基础设施的整洁情况。

"特色活力"表征街区内独特的文化氛围和历史背景，以及街区业态活力情况。

④将城区（城市）细化为"生态宜居""历史文化保护利用""产城融合、职住平衡""安全韧性""智慧高效"5个二级指标。

"生态宜居"表征城市自然环境的生态宜居情况、生态环境要素保护情况及资源集约节约利用情况。

"历史文化保护利用"表征城市历史文化街区保护、历史建筑保护、文化设施建设等构成城市风貌特色的情况。

"产城融合、职住平衡"表征产业和城市的协同融合发展及工作和生活空间平衡配置的情况。

"安全韧性"表征城市城市防灾、避险设施等设施建设情况，应对自然灾害和紧急事件的预防和处理情况。

"智慧高效"表征城市基础设施和公共服务实现智能化和互联互通，提升城市运行效率和公共服务水平的情况。

4. 城市体检三级指标构建

三级指标分为基础指标和推荐指标。基础指标即 2023 年住房和城乡建设部城市体检工作方案指标。

推荐指标则是基于城市生命体的理论内核，在一级、二级指标体系下，可获取、可计算、可评价且可反映湖北省特色以及体现住建部门管理职权的指标。具体指标由湖北省各部门"十四五"规划、湖北省地方标准、其他省城市体检指标体系、湖北省试点城市经验指标等口径筛选而来。

针对地市（州）级城市和县（区）级城市的特点，先确定地市（州）级指标体系，在此基础上结合县（区）级城市规模、发展阶段的特点提出县（区）级城市指标体系。

三、都市圈城市体检指标体系

根据区域发展一般规律和重要方面，结合湖北省实际情况，适当增加满足湖北省都市圈发展目标、规模结构、地位等级、要素吸引、联系活力、区域特色、公共参与等现状需求及规划定位的推荐性指标，形成"基础指标＋推荐指标"的湖北省都市圈城市体检指标体系。

结合目标导向，依据国家和区域战略对湖北省发展定位、城市发展特色、社会满意度调查反馈的突出的民生问题，同时考虑湖北省"十四五"规划和政府近期推进的重点工作，围绕"人口集聚""产业发展""交通建设""消费活力""土地利用""生态本底"6个一级指标，在满足常态化都市圈问题诊断的同时对接发展导向，补足发展中存在的短板，探索都市圈统筹发力、协同推进路径，引导因地制宜各展所长的发展，着力打造区域协同，从而实现省内三大都市圈一体化发展。具体都市圈城市体检指标体系详见附录 A。

"人口集聚"包括表征规模等级的都市圈常住总人口规模、都市圈户籍—常住人口规模、都市圈人口密度、都市圈平均城镇化率、都市圈内城市城镇化率比、都市圈内城市人口首位度，表征联系强度的都市圈与都市圈人口迁徙指数、都市圈内主要城市人口迁徙指数、都市圈内所有城市人口迁徙指数，表征区域特色的都市圈内平均年龄、都市圈总体性别结构、都市圈内总体民族结构、都市圈内城乡居民人均可支配收入之比等指标。

"产业发展"包括表征规模等级的都市圈地区生产总值、都市圈总体三次产业结构、都市圈内核心城市三次产业结构、都市圈内企业数量年均增速、都市圈内核心城市企业数量、都市圈内主要城市企业专利数量、都市圈研发经费支出比重，表征联系强度的都市圈与都市圈投资联系指数、都市圈内主要城市投资联系指数、都市圈内所有城市投资联系指数，表征区域特色的都市圈内核心城市分行业企业数量占比、都市圈内特色产业门类、都市圈内企业分布核密度等指标。

"交通建设"包括表征规模等级的都市圈总路网里程、都市圈平均路网密度、都市圈城际轨道交通覆盖率，表征联系强度的都市圈公路客运总量、都市圈高等级铁路对开班次、都市圈港口货运总量、都市圈机场吞吐总量，表征区域特色的都市圈铁路等时圈覆盖范围、都市圈铁路 OD（交通起止点）联系指数、都市圈公路等时圈覆盖范围、都市圈公路 OD 联系指数、都市圈内城市道路通达指数等指标。

"消费活力"包括表征规模等级的都市圈社会消费品零售总额、都市圈重要商圈高消费人次，表征联系强度的都市圈核心城市异地购房交易笔数，表征区域特色的都市圈核心城市居民消费类型比重、都市圈节假日消费活力比重、都市圈搜索指数等指标。

"土地利用"包括表征规模等级的都市圈核心城市建成区面积、都市圈核心城市建成区近五年增长幅度、都市圈夜间灯光覆盖面积，表征联系强度的都市圈灯光强度指数、都市圈灯光强度指数近五年增长幅度，表征区域特色的都市圈城市建成区最小距离等指标。

"生态本底"包括表征规模等级的都市圈生态地表覆盖面积、都市圈生态地表覆盖占比，表征联系强度的都市圈生态资源指数、都市圈空气质量指数，表征区域特色的都市圈主导生态地表类型、都市圈蓝绿空间占比等指标。

四、地市（州）城市体检指标体系

　　根据住房和城乡建设部提出的城市体检基本指标体系，结合湖北省实际情况，适当增加满足湖北省地级城市发展目标、特色定位、公共参与、城市包容与韧性建设等现状需求及规划定位的推荐性指标，形成"基础指标 + 推荐指标"的湖北省地市（州）城市体检指标体系。

　　结合目标导向，依据国家和区域战略对湖北省发展定位、城市发展特色、社会满意度调查反馈的突出的民生问题，同时考虑湖北省"十四五"规划和政府近期推进的重点工作，创建更具现代化治理的城市，围绕"住房""小区（社区）""街区""城区（城市）"4 个方面，在满足常态化城市问题诊断的同时对接发展导向，补足发展中存在的短板，构建更加符合湖北省城市发展阶段特征的指标体系，实行更加精准化的城市建设和管理。具体地市（州）城市体验指标体系详见附录 B。

（一）住房维度

　　住房维度包括表征安全耐久的存在使用安全隐患的住宅数量、存在燃气安全隐患的住宅数量、存在楼道安全隐患的住宅数量、存在围护安全隐患的住宅数量、应用全生命周期管理体系的住宅数量，表征功能完备的住宅性能不达标的住宅数量、存在管线管道破损的住宅数量、入户水质水压不达标的住宅数量、需要进行适老化改造的住宅数量、5G 网络覆盖的住宅数量，表征绿色智能的需要进行节能改造的住宅数量、需要进行数字化改造的住宅数量、保持地域特色风貌的住宅数量、认定为绿色建筑的住宅数量、智能智慧应用管理的住宅数量等指标。

（二）小区（社区）维度

　　小区（社区）维度包括表征设施完善的未达标配建的养老服务设施数量、未达标配建的婴幼儿照护服务设施数量、未达标配建的幼儿园数量、小学学位缺口数、停车泊位缺口数、新能源汽车充电桩缺口数、完整社区覆盖率、未达标配建的社区便民服务设施数量、未达标配建的社区卫生服务设施数量、老旧小区改造达标率、拥有立体停车设施的小区数量、拥有全龄教育服务的小区数量、拥有书店等文化资源的小区数量，表征环境宜居的未达标配建的公共活动场地数量、不达标的步行道长度、未实施生活垃圾分类的小区数量、绿色社区覆盖率、挖潜用地增设公共空间的小区数量、利用再生水资源的小区数量、进行海绵化改造的小区数量、拥有创新创业空间的小区数量、邻里特色文化突出的小区数量，表征管理健全的未实施好物业管理的小区数量、需要进行智慧化改造的小区数量、设立住区改造资金的小区数量、拥有邻里互助社群社团组织的小区数量、未开展共同缔造活动的小区数量、二次供水设施不达标的小区数量等指标。

（三）街区维度

　　街区维度包括表征功能完善的中学服务半径覆盖率、未达标配建的多功能运动场地数量、未达标配建的文化活动中心数量、公园绿化活动场地服务半径覆盖率、菜市场（生鲜超市）覆盖率；表征整洁有序的存在乱拉空中线路问题的道路数量，存在乱停乱放车辆问题的道路数量，窨井盖缺失、移位、损坏的数量，存在道路照明问题的道路数量，存在道路机械化清扫问题的道路数量，设置统一店招的道路数量，无违规占道的道路数量；表征特色活力的需要更新改造的老旧商业街区数量、需要进行更新改造的老旧厂区数量、需要进行更新改造的老旧街区数量、特色活力指数、重点地区（片区）城市设计覆盖率等指标。

（四）城区（城市）维度

　　城区（城市）维度包括表征生态宜居的城市生活污水集中收集率、城市水体返黑返臭事件数、绿道服务半径覆盖率、人均体育场地面积、人均公共文化设施面积、未达标配建的妇幼保健机构数量、城市道路网密度、新建建筑中绿色建筑占比、建成区人口密度、城市生活垃圾资源化利用率、建筑垃圾资源化利用率、城市园林绿化建设养护专项资金、10 万人拥有综合公园个数、城市林荫路覆盖率、城市绿地率、城市绿化覆盖率；表征历史文化保护利用的历史文化街区、历史建筑挂牌建档率，历史建筑空置率，历史文化资源遭受破坏的负面事件数，擅自拆除历史文化街区内建筑物、构筑物的数量，当年各类保护对象增加数量，当年获得国际国内各类建筑奖、文化奖的项目数量；表征产城融合、职住平衡的新市民、青年人保障性租赁住房覆盖率，城市高峰期机动车平均速度，轨道站点周边覆盖通勤比例，通勤距离小于 5 千米的人口比例，绿色交通出行比例，公交站点覆盖率；表征安全韧性的房屋市政工程生产安全事故数，消除严重易涝积水点数量，城市排水防涝应急抢险能力，应急供水保障率，老旧燃气管网改造完成率，城市地下管廊的道路占比，城市消防站服务半径覆盖率，安全距离不达标的加油加气加氢站数量，人均避难场所有效避难面积，公厕设置密度；表征智慧高效的市政管网管线智能化监测管理率，建筑施工危险性较大的分部分项工程安全监测覆盖率，高层建筑智能化火灾监测预警覆盖率，城市信息模型（CIM）基础平台建设三维数据覆盖率，城市运行管理服务平台覆盖率，城市数字公共基础设施底座平台完成率，覆盖地上地下的城市基础设施数据库完成率，城市建成区人均信息点（POI）数，智能停车场管理系统覆盖率等指标。

五、县（区）城市体检指标体系

从国内外规划实践来看，"住房""小区（社区）""街区""城区（城市）"4个方面的指标在各市县均具有普适性，但因为城市规模和发展阶段的不同，其基础设施标准要求和现状情况存在差异。

为使指标体系上下贯通、内涵保持一致，在地市（州）城市体检指标的基础上对县（区）城市体检指标进行删减与调整，构建县（区）城市体检指标体系，精准评估并发现"城市病"问题。具体县（区）城市体检指标体系详见附录 C。其中删除不易获取数据的 5 项指标（具体见表 4-1），在指标内涵不变的情况下，对 2 项指标的指标内容或评价标准进行优化调整（具体见表 4-2）。在地市（州）指标基础上，县（区）指标主要对 7 项指标进行精确优化。

表 4-1　城市体检三级指标删除指标

大类分类	中类分类	序号	指标名称	指标类型
住房	绿色智能	1	智能智慧应用管理的住宅数量	推荐指标
小区（社区）	设施完善	2	拥有书店等文化资源的小区数量	推荐指标
	环境宜居	3	利用再生水资源的小区数量	推荐指标
城区（城市）	生态宜居	4	城市水体返黑返臭事件数	基础指标
	产城融合、职住平衡	5	轨道站点周边覆盖通勤比例	基础指标

（表格来源：自绘）

表 4-2 城市体检三级指标评价标准优化

大类分类	中类分类	序号	指标名称	评价标准
城区（城市）	生态宜居	1	建成区人口密度	省会和地级市（州）建成区人口密度达到 0.7 万 ~1.5 万人每平方千米，县级市（县、区）达到 0.6 万 ~1 万人每平方千米
	智慧高效	2	城市信息模型（CIM）基础平台建设三维数据覆盖率	省会城市和计划单列市大于等于 60%、地级市大于等于 30%，县级城市开展建设

（表格来源：自绘）

六、小结

基于城市生命体理论内涵，挖掘城市生命体理论与城市体检之间的对应关系，并深入探究城市体检指标内涵，对其进行细化分析，使其精准表征城市发展中的具体问题。针对"都市圈—地市（州）—县（区）"三级空间尺度，建立理论框架更加完善、指标体系更加完整、指标维度更加多元、指标特色更加鲜明、指标数据更易获取的城市体检指标评价体系。

第五章

指标评价篇

一、国内外理论基础

　　城市体检评估作为全方位与多尺度识别城市问题的有效工具，合理利用相应的指标评估方法及流程有助于进一步加强城市体检结果输出的精准性与针对性。通过梳理国内外已有研究及相关实践经验发现，单因子诊断法和层次分析法在城市体检指标评价过程中应用最多、应用范围最广，能在较为有效地梳理城市发展过程中各项指标要素之间的联系和作用的基础上输出指标评价结果。但在不同城市的具体城市体检实践过程中，两种方法的具体应用手段及评价过程存在一定不足，因此在具体制定城市体检指标评价流程之前，首先对两种评价方法的特点与优缺点进行分析与研究，以期更好梳理方法逻辑，优化方法运用过程，构建切实可行的指标评价标准体系。

（一）单因子诊断法

　　单因子诊断法在城市体检指标评价过程中一般针对三级指标进行评估，将城市体检与医学临床诊断类比，关注单一指标的具体情况。单因子诊断法的核心内容在于对指标进行梳理，明确指标分类，并以此为基础确定相应的参考值。参考值的来源包括国际大都市的理想值，以及我国生态城市、宜居城市的发展目标及相关规划标准等。常规指标主要对标相关规范标准，评估城市基本运行情况；导向指标对标先进城市指标及国际标准，结合城市发展目标和历史数据，对城市提出更高要求，反映城市治理发展的目标愿景和发展成效；底线指标使用明确规定的数值作为约束，评估城市基础功能及设施的正常运行状况。将指标客观数值与参考值进行比对，可以进一步系统剖析城市的历史健康状态、指标与城市整体的关系及内部各要素之间的关联情况，帮助城市规划更好地"对症下药"，制定精准的策略来切实改善人们的居住环境和生活品质。

在对指标进行分类的过程中，通常根据指标评价结果或指标评价性质对指标类型进行划分（表5-1）。前者需要在指标计算结果与标准值进行比对后，根据指标评价结果对指标类型进行划分，从指标层面描述城市问题表征，可作为后续对城市进行实时监测与管控的依据，但无法有效辅助确定指标评价标准值。依据指标评价性质进行划分则是在进行指标计算与评价前，根据指标反映的城市问题内涵对指标进行分类，以此确定相应的参考标准值，避免对相应城市问题的过度解读和不合理评判，使评价结果更加真实有效。因此在单因子诊断法中对指标进行分类时，一般基于指标的评价性质，在明确指标评价标准的基础上，能够更聚焦城市问题，针对性输出评价结果。但在现有具体实践过程中，仍存在对指标分类模糊、标准值选取随意、难以形成城市综合评估报告等问题。

（二）层次分析法

城市体检评估多基于已构建完成的指标体系开展，因此层次分析法常用来对指标体系进行划分，分别确定一级指标、二级指标乃至三级指标的权重，将指标计算结果与指标权重相乘的结果相加，最终得到城市体检综合评估结果。依据评估对象及评价指标体系的不同，指标权重值也存在一定差异，其中常见的进行指标权重计算的方法可分为专家调查法和一致矩阵法两种。

表 5-1　指标分类方法

分类方式	指标类型	含义
评价结果划分	常规状态指标	反映城市现状的客观指标，存在动态变化且缺乏建议值，应该进行长期跟踪，以掌握区域发展情况
	总体达标指标	达到或超过目标值要求的指标
	趋势向好指标	表征的是不断提升、发展向好的指标，有通过升级转化为"区域品牌"的潜力
	特色鲜明指标	与同级区域比较结果较好的指标，具有独特的发展特色和优势性指标
	有待提升指标	没有目标值要求的指标，应该重点关注引导
	增长放缓指标	发展趋势放缓或下降的指标
评价性质划分	基期型（导向型）	通常没有很明确的评价标准供参考，难以界定指标的适宜值，以当年度数据和历史数据变化趋势作为参考系确定指标评价的基期值；同时包括鼓励、引导型指标，出于对城市发展有更高的要求而为指标设立目标值，鼓励指标结果向目标靠近，参照系包括规划目标、标杆城市指标值、国际标准等
	适宜型（常规型）	通常以明确的标准规范为依据，并以此作为参照系确定区间阈值
	达标型（底线型）	属于底线类指标，一旦产生就对城市正常运行和基本生存保障产生显著影响，关系到必要的民生利益，以标准规范和相关规定为参照系设定底线值，强调指标结果不突破底线

（表格来源：自绘）

专家调查法多基于行业专家对问题的认知与理解，结合相关实践案例，对不同指标的重要性等级做出判断，从而确定权重，常用在针对一级或二级指标的权重分析过程中，能够较为快捷地输出指标重要性等级，形成对指标体系的综合判断。而一致矩阵法则是将给定指标的重要性进行标度，通过指标之间的两两比较，对重要性赋予一定的数值，构建判断矩阵，从而输出指标权重结果，常应用于三级指标的权重确定。在基于层次分析法的城市体检指标评估过程中，常将两种方法结合使用，以确定不同层级指标的权重。层次分析法虽有助于分析分层评价指标体系，对城市健康程度形成综合评估结果，是目前城市体检实践过程中运用最为普遍的方法，但指标权重确定过程中存在一定人为主观性，由于不同城市存在城市特性及城市问题的差异，导致指标权重难以统一，且形成的综合评估结果难以聚焦具体城市问题，不能实现精准的规划施策，无法有效地与规划手段及目标的实施进行衔接。

（三）小结

不同的指标评价方法关注点不同，因此输出的城市体检评估结果也存在不同。单因子诊断法聚焦于具体指标与城市问题，难以对城市整体健康情况形成综合判断，无法满足城市体检工作的综合性要求。而层次分析法对单项指标的关注较少，难以精准识别城市问题。

评价方法的单一选择容易造成城市体检评估过程中各层级指标评价结果的衔接不足，无法从系统性的多层级视角对"城市病"进行定性判断与定量检验，即需要在城市整体健康评估结果的基础上，对各类"城市病"对应的相关指标进行定量检验，确保城市体检工作结果的全面与客观。因此本书将在总结现有研究理论与实践经验的基础上，将单因子诊断法与层次分析法进行有效结合，形成统一完善的城市体检指标评级标准体系，对城市体检相关工作进行指导，并在此过程中明确各项工作步骤与流程，优化明确指标评价方法，输出包括分类评估、分项评估及综合评估的多层级指标评价结果，全面系统地反映城市问题。

二、指标评价技术思路

（一）指标评价技术逻辑

城市体检的核心目的是发现城市问题，作为城市规划、管理、政策制定与动态监测维护的参考依据，而指标评价是直接输出"城市病"及城市问题的关键步骤。

现有的体检评估指标体系从生态宜居、健康舒适、安全韧性、交通便捷、风貌特色、整洁有序、多元包容及创新活力8个维度对城市的各项空间特征进行评估，通过综合体检评估报告能够对城市的社会、自然、居住及支持系统方面存在的问题形成总体认知，评估城市发展现状，明确城市在空间布局、环境治理、资源利用等多方面存在的问题，更好地解决"城市病"。

在明确评估结果与目标的基础上，将"城市病"按照其复杂程度分为单要素"城市病"、单机能"城市病"及综合性"城市病"3种，分别用三级、二级及一级指标评估结果进行表征（图5-1）。

通过对三级指标进行分类评估，率先找出点状出现的单要素"城市病"，这类"城市病"的成因容易识别，关联问题较少，采用修缮、改造、增补等直接针对问题的措施就能有效治理。

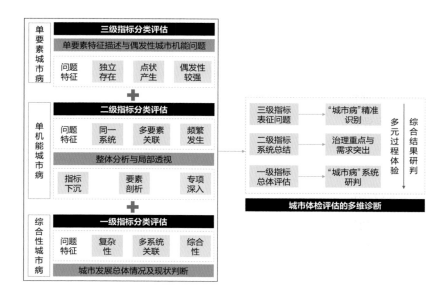

图 5-1　城市体检指标评价逻辑构建
（图片来源：自绘）

通过对二级指标进行分项评估，梳理同一城市系统内由多要素关联导致的单机能"城市病"，可以进一步明确问题发生的环节，明确病因的同时适当避免相关领域对"城市病"的连带影响。

通过对一级指标进行综合评价，最终导出城市体检的综合评估结果，能够有效避免单一维度的分析思路，厘清"城市病"产生的具体原因与关联系统。

（二）评价工作流程

在城市体检过程中，"城市病"评估结果的输出应该是多维度与多层次的，反映城市由点及面的多元问题。基于此逻辑进一步梳理城市体检指标评价的工作流程，应以精准发现"城市病"、综合输出城市体检结果为目标导向，优化不同层级指标评价的方法，并加强不同层级指标分类评估、分项评估与综合评估结果的衔接，形成多维度、多过程的"城市病"识别与研判结果。具体工作流程包括评价技术路线制定、指标分析与评价方法明确及指标评价结果输出三个主要方面（图5-2）。

　　在制定评价技术路线的阶段，应明确数据收集与处理、指标评价及结果输出等各项步骤的流程与预期结果，形成完整的评价体系。

　　在进行具体指标评价的过程中，应首先梳理各层级指标的关联关系，明确各层级指标的性质内涵及其所表征的城市问题，从衡量城市系统内在失衡情况的角度出发，结合单因子诊断法，通过标准对比、目标对比、纵向对比评估单要素"城市病"的病情。

　　在此基础上进一步结合层次分析法对各类"城市病"分析结果进行汇总与定量计算，形成二级指标与一级指标的综合评估结果，完成对单机能"城市病"和综合性"城市病"的研判，最终输出一份完整的"城市病"

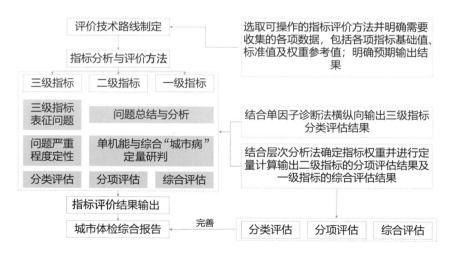

图 5-2　城市体检指标评价工作流程
（图片来源：自绘）

诊断报告。

（三）指标评价技术路线

　　基于以上研究思路，在以精准发现"城市病"、综合输出城市体检结果为目标导向的基础上，采用"定性判断"结合"定量检验"的评价思路，综合运用层次分析法与单因子诊断法构建一套完整的城市体检指标评价标准体系，优化与完善指标评价技术路线，主要包括三个步骤（图5-3）。

　　第一步，结合单因子诊断法对三级指标进行分类评估，诊断具体城市问题，识别单要素"城市病"，对"城市病"的产生点进行精准定位。单因子诊断法的关键在于对指标进行分类评估，在明确梳理指标内涵的基础上，明确各项指标涉及的病症关键及测度标准，通过对比指标实际值与标准值之间的差距，定量分析指标的失衡情况，检验单维度、单要素的城市

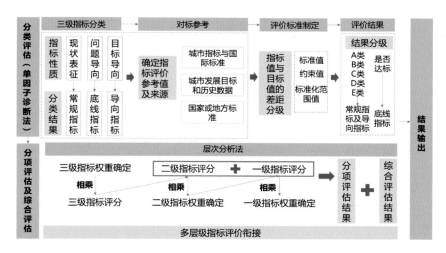

图 5-3　城市体检指标评价技术路线
（图片来源：自绘）

健康状况。

第二步，在明确三级指标评估结果的基础上，对三级指标赋予相应的分值，结合层次分析法确定不同层级指标权重，对二级与一级指标评估结果进行整合，得到体检城市单机能"城市病"和综合性"城市病"的情况。

第三步，综合输出评估结果。在三级与二级指标评估结果的基础上得到一级指标的评估结果，对产生"城市病"的城市系统和城市整体健康水平做出综合判断。

在单因子诊断过程中，根据选取的指标参考值的不同，指标评估存在横纵向对比相结合的情况。纵向对比以城市自身历史数据或相关标准规范为参考值，通过指标发展趋势来分析"城市病"的存在时间，通过与标准值的差距大小分析"城市病"的严重程度，针对性反馈城市空间规划编制、实施与检测的各个过程。横向对比以同发展阶段或发展类型的城市相关指标数据为参考值，反映当前城市的相对健康水平，鉴别"城市病"的严重性。

三、指标评价模型

（一）熵权法

熵权法是一种客观赋权方法，其基本思路是根据指标变异性的大小来确定客观权重。如果某个指标的信息熵越小，就表明其指标值的变异程度越大，提供的信息量越大，在综合评价中所起的作用越大，则其权重也应越大。反之，某指标的信息熵越大，就表明其指标值的变异程度越小，提供的信息量越小，在综合评价中所起的作用越小，则其权重也应越小。

（1）对数据进行预处理。

假设有由 n 个要评价的对象，m 个评价指标（已经正向化）构成的正向化矩阵见公式（5-1）。

$$X=\begin{bmatrix} x_{11} & x_{12} & \cdots x_{1m} \\ x_{21} & x_{22} & \cdots x_{2m} \\ \vdots & \vdots & \ddots & \vdots \\ x_{n1} & x_{n2} & \cdots x_{nm} \end{bmatrix}$$

（5-1）

对数据进行标准化，标准化后的矩阵记为 Z，Z 中的每一个元素见公式（5-2）。

$$z_{ij}=x_{ij}\bigg/\sqrt{\sum_{i=1}^{n}x_{ij}^{2}}$$

（5-2）

判断矩阵 Z 中是否存在负数，如果存在的话，需要对矩阵 X 使用另外一种标准化方法。

对矩阵 X 进行一次标准化，标准化公式见公式（5-3）。

$$\tilde{z}_{ij}=\frac{x_{ij}-\min\{x_{1j},x_{2j},\cdots,x_{nj}\}}{\max\{x_{1j},x_{2j},\cdots,x_{nj}\}-\min\{x_{1j},x_{2j},\cdots,x_{nj}\}}$$

（5-3）

（2）计算第 j 项指标下第 i 个样本所占的比重，并将其看作相对熵计算中用到的概率。

在上一步的基础上计算概率矩阵 P，P 中的每一个元素如公式（5-4）所示。

$$p_{ij}=\frac{\tilde{z}_{ij}}{\sum_{i=1}^{n}\tilde{z}_{ij}}$$

（5-4）

（3）计算每个指标的信息熵，并计算信息效用值，并归一化得到每个指标的熵权。

对第 j 个指标而言，其信息熵的计算公式如公式（5-5）所示。

$$e_j = \frac{1}{\ln_n} \sum_{i=1}^{n} p_{ij} \ln (p_{ij}) \quad (j=1,2,\cdots,m) \qquad （5-5）$$

e_j 越大，则第 j 个指标的信息熵越大，其对应的信息量越小。

定义信息效用值 d_j 的公式如公式（5-6）所示。

$$d_j = 1 - e_j \qquad （5-6）$$

将信息效用值归一化，得到每个指标的熵权，如公式（5-7）所示。

$$w_j = d_j \bigg/ \sum_{j=1}^{m} d_j \qquad （5-7）$$

（二）引力模型

基于计算城市联系度，引力模型是一种计算空间相互作用强度的计量方法，可以用来定量地描述城市之间吸引力的大小。其前提是假设城市之间的相互吸引力与所用指标（人口、GDP 等）的乘积成正比，与两者之间的距离平方成反比，从而来测算城市之间的经济联系量。

引力模型公式如公式（5-8）所示。

$$F_{ij} = aQ_iQ_j / d_{ij}^2 \qquad （5-8）$$

其中，F 为两个城市之间的引力；Q 为两个城市的规模；d 为两个城市之间的距离；a 为常量，不影响，可取值为 1。

城市规模指标 Q 可以是经济规模、人口规模、消费规模、进出口规模等单项或综合指标，距离 d 可以采用实际的公路里程数，也可以采用两城市之间的空间直线距离（欧氏距离）等单项或综合数据。

可以采取城市综合指标处理的方式对此进行处理，一般采用的是求几何平均的方法。

四、指标评价方法

（一）三级指标单项评价

通过对城市体检指标评价体系中的相关指标进行梳理，根据指标评价的内容将三级指标分为常规指标、导向指标、底线指标。常规指标反映城市基本情况，导向指标反映城市发展相关方面与预期目标之间的差距，底线指标需进行严格管控，指标分类标准如图 5-4 所示，对标参考值的选取及具体指标分类结果见附录 A、附录 B、附录 C。

在确定指标分类及确定各项指标对标的目标值的基础上进一步明确评价标准及输出结果（表 5-2）。其中常规指标根据目标值形式的不同制定不同的评级标准。底线指标由于其特殊性，一旦出现问题就会对城市造成严重影响，因此从是否达标的角度对指标进行评价，一旦不达标就将其定义为"城市病"。导向指标由于缺乏明确的对标参考值，需要结合城市一段时间内的发展水平或与其他同类型城市进行对比从而对指标进行判断，因此需要对指标进行标准化处理，使指标评价结果更加明确。采用 Min-Max 归一化方法，将所有指标计算值标准化在 [0，1]，得到单项指标评价标准化的数值，当指标值为正向时，表明指标在最低水平上的优势程度，其值越大表示该指标水平越好；当指标值为负向时，表明指标在最高水平

指标类型	含义
底线指标	属于底线类指标,一旦产生就对城市正常运行和基本生存保障产生显著影响,关系到必要的民生利益,**以标准规范和相关规定为参照系设定底线值**,强调指标结果不突破底线
常规指标	通常以明确的标准规范为依据,并以此作为参照系确定区间阈值
导向指标	通常没有很明确的评价标准供参考,难以界定指标的适宜值,**以当年度数据和历史数据变化趋势作为参考系确定指标评价的基期值**;同时包括鼓励、引导型指标,出于对城市发展有更高要求为指标设立目标值,鼓励指标结果向目标靠近,**参照系包括规划目标、标杆城市指标值、国际标准等**

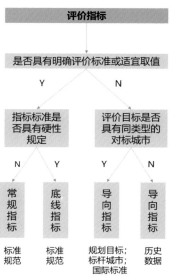

图 5-4 指标分类标准
(图片来源:自绘)

表 5-2 三级指标评价标准

指标类型	目标值	指标评级	评价标准	问题与短板	评估方法
常规指标	≥或≤	A 级(领先)	达到标准值,且超出(不足)标准值的 50%	—	与标准值进行比较
		B 级(较好)	达到标准值,且超出(不足)标准值的 30%	—	
		C 级(中等)	达到标准值	城市发展的短板	
		D 级(预警)	未达到标准值且低于(超过)标准值的 30%	"较严重"城市问题	
		E 级(问题)	未达到标准值且低于(超过)标准值的 50%	"非常严重"城市问题	
	100%或 0	A 级(领先)	100% 或 0	—	

（续表）

指标类型	目标值	指标评级	评价标准	问题与短板	评估方法
常规指标	100% 或 0	B级（较好）	90%~100% 或 0~10%	—	与标准值进行比较
		C级（中等）	75%~90% 或 10%~25%	城市发展的短板	
		D级（预警）	50%~75% 或 25%~50%	"较严重"城市问题	
		E级（问题）	0~50% 或 50%~100%	"非常严重"城市问题	
底线指标	—	达标	达到约束值	—	与约束值进行比较
		不达标	未达到约束值且差距在10%之内	"较严重""城市病"	
		不达标	未达到约束值且差距超过10%	"非常严重""城市病"	
导向指标	同一城市一段范围内的指标值或不同城市的指标值	A级（领先）	正向指标：0.9~1 负向指标：0~0.1	—	依据历史数据对数据进行标准化处理，与同类城市进行横向比对，或与自身发展进行纵向对比
		B级（较好）	正向指标：0.75~0.9 负向指标：0.1~0.25	—	
		C级（中等）	正向指标：0.5~0.75 负向指标：0.25~0.5	城市发展的短板	
		D级（预警）	正向指标：0.25~0.5 负向指标：0.5~0.75	"较严重"城市问题	
		E级（问题）	正向指标：0~0.25 负向指标：0.75~1	"非常严重"城市问题	

（表格来源：自绘）

下的劣势程度，其值越小表示该指标水平越好，标准化公式如公式（5-9）所示。

$$S_i = (X_i - X_{\min}) / (X_{\max} - X_{\min}) \qquad (5-9)$$

S_i 为单个指标 i 的标准化值；X_i 为单个指标 i 的原始计算值。若评价标准为区间，则 $X_{\max}$、$X_{\min}$ 分别表示区间范围的上限和下限；若评价标准为单一数值，则 $X_{\max}$ 为正向指标参考标准值大小，$X_{\min}$ 为 0。

通过对三级指标进行定性的分类评估，能够率先输出单要素"城市病"及城市问题，明确城市问题等级，找准"城市病"病因，为后续针对性的规划措施提供参考。

（二）二级及一级指标综合评价

（1）综合集成评价法。

层次分析法需对专家及相关城市经验进行分析，综合确定权重，在时间和条件有限的情况下可以利用综合集成评价法对二级和一级指标进行评估，明确评价标准（表5-3），通过三级和二级指标不同评级的占比确定评估标准并输出评价结果。

表 5-3　二级和一级指标评价标准

指标层级	序号	评估结果	评估标准
二级指标	1	城市发展优势	(A+B)/(A+B+C) ≥ 50%，且无 D、E
	2	一般	(A+B)/(A+B+C) < 50%，且无 D、E
	3	轻微的城市问题	D/(A+B+C+D) < 35%，且无 E
	4	较严重的城市问题	35% ≤ D/(A+B+C+D) < 70% 或 E/(A+B+C+D+E) < 35%
	5	"城市病"	D/(A+B+C+D) ≥ 70% 或 E/(A+B+C+D+E) ≥ 35% 或存在底线指标不达标
一级指标	1	该类别为城市的优势方面	该类别的具体二级指标评价中均不存在城市发展短板及问题
	2	该类别的总体评价应为尚可	该类别在具体二级指标评价中存在城市发展短板
	3	该类别为城市的主要问题所在	该类别的二级指标评价中存在较严重的城市问题 / 病或非常严重的城市问题 / 病或存在底线指标不达标的情况

（表格来源：自绘）

（2）层次分析法。

在条件允许的情况下，使用层次分析法进一步确定指标权重，对二级和一级指标进行评估能够更好地保障评价结果的准确性。首先根据三级指标单因子诊断的评价结果，对不同指标的指标评级赋予不同评分。其中常规指标及导向指标的 A、B、C、D、E 等级分别对应 9、7、5、3、1 分，而底线指标达标为 9 分，不达标情况依据其与目标值的差距大小分别赋予 3 分和 1 分。在此基础上结合层次分析法确定不同层级指标权重，二级指标和一级指标得分由其所包含的各项三级指标和二级指标评分值乘以各自的权重后进行加和得到，定量输出城市单机能 "城市病" 及综合性 "城市病" 的评估结果，明确 "城市病" 病因关联的不同城市维度和城市系统。最终根据一级指标得分乘以各自权重后加和得到城市体检总体评分，形成城市体检综合评估报告。

二级指标得分（C）＝$x_1y_1+x_2y_2+\cdots+x_iy_i$（$x_i$为三级指标得分，$y_i$为三级指标权重）；

一级指标得分（B）＝$C_1+C_2+\cdots+C_i$。

各级指标的得分可与城市自身历史评分或同类型城市的体检得分进行横向和纵向对比，明确城市各系统、各层级及城市整体的健康水平，形成对城市发展优势、短板及问题等各方面的综合诊断结果。

五、小结

城市体检是明确城市问题、找准"城市病"病因，为城市空间规划相关政策提供参考依据的重要手段，通过点、面结合的城市健康诊断，及时揭露城市发展过程中自然、社会、经济等各系统中存在的生态、生活、生产问题。现有城市体检评估相关研究还处于起步阶段，对评估指标体系的逻辑梳理与构建技术流程的关注较多，较少关注指标评价标准体系的建立与指标权重分析方法，导致在具体的城市体检实践过程中难以明确诊断并输出城市问题，城市体检结果无法为相关城市规划提供有效参考等问题。

综上所述，通过对现有城市体检指标评估方法进行梳理，关注其过程中存在的问题与短板，从优化指标评估流程和完善指标评估方法两方面尝试构建一套切实可行的指标评价标准体系。依据"定性判断"与"定量检验"相结合的"城市病"诊断思路，明确具体的指标评估方法并优化评估步骤，将单因子诊断法和层次分析法有效结合，从多维度、多系统、多层级的角度对"城市病"展开分析与判别。通过明确指标分类及参考值的选取依据，制定规范的评价准则对单因子诊断法进行优化，完善城市体检工作内容，为城市体检的具体实践提供详细的工作手册，推进城市体检工作广泛、有效地开展。

第六章

成果应用篇

一、发布年度城市体检报告

针对"一年一体检，五年一评估"工作，各个城市应分别编制年度城市体检报告和五年期城市评估报告，发布综合评价结果，及时发现城市的优势与短板。

城市应在综合体检评估指标分析和社会满意度调查结果基础上，分别编制年度的城市体检报告和五年期的城市评估报告。建议把年度城市体检评估结果纳入城市建设和人居环境评价体系，形成年度城市健康指数，并每年向社会发布。同时，将城市体检评估结果作为评定中国人居环境奖、全国文明城市、国家园林城市、国家森林城市、国家环保模范城市等奖项的重要依据。

基于城市实际情况和需要，可以编制城市综合体检报告、城市专项体检报告。城市综合体检报告是对上一年度城市人居建设的总结及对城市人居环境的总体判断，诊断出城市目前主要存在的"城市病"，对城市品质提升提出工作建议。城市专项体检是根据城市建设实际需要，或依据城市综合体检的"城市病"诊断结果，有针对性地在城市更新、海绵城市建设、历史文化保护、园林绿化建设、道路交通等方面开展城市专题内容的体检。

城市综合体检报告主要内容应包括城市体检工作概述、指标分析评价、问题清单和治理清单、治理对策及行动建议（图6-1）。

城市专项体检报告应与全国城市更新行动、海绵城市建设评估、国家历史文化名城保护工作调研评估、国家生态园林城市创建等国家部委开展的相关工作相衔接。城市专题体检报告的主要内容应包括城市专项体检指标分析，专项建设绩效回顾、实施成效，存在问题及原因分析，对策建议及行动计划等。

_____年度城市体检报告提纲

一、城市体检工作概述

包括体检对象和范围、工作组织、特色指标体系设计、数据采集汇总情况、工作方法等。

二、指标分析评价

从住房、小区(社区)、街区三个维度和城区的生态宜居、产城融合—职住平衡、安全韧性、历史文化保护利用、智慧高效5个方面的指标分别进行指标分析。

城区维度的发展质量评价。围绕城市发展目标和年度重点任务，综合分析评价城市建设发展取得的成效，从生态宜居、产城融合—职住平衡、安全韧性、历史文化保护利用、智慧高效5个方面进行综合评价。

三、问题清单和治理清单

重点就住房、小区(社区)、街区三个维度和城区的5个方面的问题进行系统梳理:按照轻重缓解确定整治清单和责任单位。

四、治理对策及行动建议

(一)解决老百姓急难愁盼问题和城市竞争力、承载力，以及可持续发展补短板、提品质的对策措施。

(二)下一年度整改任务的目标及项目建议。

附件1：城市体检评估指标数据统计结果表

附件2：重点更新项目库和专项整治项目库

附件3：专题研究报告汇总

附件4：其他(各地根据自身情况增加)

图 6-1　年度城市体检报告提纲

（图片来源：《城市体检评估技术指南（试行）》，2023 年 5 月）

二、提出城市发展建议对策

将城市体检工作的成果纳入政府工作报告、各部门年度工作报告，并作为城市建设年度计划和建设项目清单的重要依据。

构建城市体检结果与政府年度计划、重点行动项目库的联动机制。将年度城市体检成果作为编制政府年度工作报告的重要参考，将城市体检提出的城市问题作为编制城市建设年度计划和城市品质提升项目的重要依据，并要求将年度城市体检成果纳入城市政府工作报告。

将城市体检形成的对策进一步细化为城市建设行动计划建议，提出解决问题的具体行动建议。明确行动计划的优先等级、整改内容、整改措施、整改目标等内容，基于三个层级的指标评价结果，为城市专项规划、城市重点整治工作计划、近期重点治理行动提供参考。基于一级指标的评价成果发现城市的重点问题，基于重点问题引导专项规划，开展专项城市体检工作并落实发展目标；基于二级指标的评价成果找到城市专项功能发展的不足，提出具体的规划策略，将其作为城市重点整治工作计划的依据；基于三级指标的评价结果形成城市的详细问题清单，将其作为近期重点行动对象。

三、制定城市更新总体方案

建立城市更新机制，制定总体工作方案。根据年度城市体检结果，编制城市更新年度整治行动计划，根据五年阶段性城市评估结果，编制城市更新规划。

在宏观工作层面，贯彻落实习近平总书记的重要指示精神和党中央、国务院的工作部署，将城市体检评估工作与住房和城乡建设部重点工作相结合，把城市体检评估作为编制城市更新规划的前提和基础。建立健全城市体检—城市更新联动机制，从"好房子、好小区（社区）、好街区、好城区"四个维度，查找影响城市可持续发展的短板弱项。依据年度城市体检结果、五年阶段性评估结果，编制城市更新规划和实施计划，合理确定城市更新目标、任务和项目，为编制城市更新五年规划和年度实施计划、确定更新项目提供现状分析方法和工作建议。

在城市行动层面，注重在数据精度足够的前提下，分城市、街道、社区、住房多个层次输出评价成果，并形成优势清单、问题清单、项目清单等分项成果。依据城市总体评价结果，发现存在"城市病"的重点功能板块，制定至"十四五"末的城市更新等专项行动计划，确定城市更新亟待解决的痛点问题、更新目标、项目清单和时序安排；依据街道的评价结果发现"街道病"，精准评估城市分区、街道的现状问题，针对问题精细化落实具体实施方案；依据社区的评价结果发现"社区病"，直接指导社区规划更新，完善社区生活圈构建，提升人居环境品质；依据住房的评价结果发现"住宅病"，直接指导住房安全和环境提升，提升住房品质。同时，加强城市更新绩效、项目后评估的动态监测，确保城市更新项目的落地、落实。

四、制定专项治理行动计划

通过城市体检工作明确城市治理中的问题和短板，围绕体检结果及城市更新方案制定专项行动计划，提升城市治理能力和治理效率。

　　针对城市体检结果，及时查找城市治理中的短板和问题，集中聚焦各项城市问题，制定有针对性的治理方案，逐一击破，实现城市的高效治理。对城市问题进行多维分析诊断，多部门综合治理，从政策办法、标准规范、行动计划、建设项目等多方面综合施策。要求将城市体检提出的治理方案落实到政府工作行动中，明确城市治理重点方向与责任部门，重点针对优化城市建设、监督、管理等重点领域，推动城市治理行动，精准生成年度建设项目清单。

　　按照城市更新的任务体系，梳理城市在优化布局、完善功能、提升品质、底线管控、提高效能、转变方式六大方面的整治建议和治理清单。设区市应针对不同区级行政单元制定治理清单。要按照多领域专家和多行业部门参与会诊的形式，加大对重大治理清单的沟通对接；同时要针对城市体检评估反馈的意见和建议，定期检查落实成效，形成城市体检评估的完整工作闭环。

五、城市体检信息平台建设

　　通过建设省级和市级城市体检评估信息平台，对接国家级城市体检评估信息平台，加强城市体检的数据管理、综合评价和监测预警。

　　建立数据平台底板：基于部门官方数据、开源地图数据、公众参与数据、自采集数据等，围绕城市体检指标体系、历史文化资源禀赋、基础设施配套、更新计划要求等多方面城市现状资源数据，构建城市体检数据底板（图6-2）。

图 6-2   构建信息平台的数据底板
（图片来源：2022 年住房和城乡建设部城市体检工作培训）

　　信息平台的基础模块围绕生态宜居等八大方面的城市体检指标，形成支撑"动态监测、定期体检、查找问题、整治措施、跟踪落实"城市精细化治理闭环的基础信息平台。信息平台的扩展模块与城市更新等重点建设项目联动，用于支持项目入库、评估、实施、监督及成果展示。

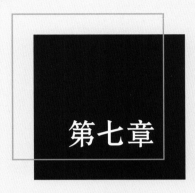

第七章

项目实践篇

一、宜荆荆都市圈体检

（一）项目背景

2022 年 7 月，在湖北省住房和城乡建设厅印发的《关于开展 2022 年湖北省城市体检工作的通知》中，提出先行在三大都市圈开展城市体检工作，评价武汉、宜昌、襄阳都市圈内试点城市人均环境质量及建设成效，开创了全国都市圈层面第三方城市体检的先例。

宜荆荆都市圈为湖北三大都市圈之一，2021 年常住人口为 875.7 万人，市辖区常住人口为 361.8 万人，GDP 总量为 8539.3 亿元。从交通来看，都市圈内的城市无时速 350 千米的高速铁路覆盖，沿江走廊建设仍相对薄弱，交通发展不平衡现象突出。中国共产党湖北省第十二次代表大会提出：建设宜荆荆成为长江中上游的重要增长极，大力发展以宜昌为中心的宜荆荆都市圈，重点建设宜荆荆全国性综合交通枢纽，打造宜昌区域性科技创新中心。总体来看，宜荆荆都市圈为处于起步阶段的成长型都市圈，政策驱动力强，后发优势明显。

（二）体检范围

根据体检指标涉及的数据空间范畴，选取宜昌市、荆州市、荆门市 3 个地级市和宜都市、枝江市、当阳市、长阳县 4 个县级市（县）作为体检试点城市，确定第三方体检的工作范围为 3 个层次：市 / 县域、市辖区 / 县城区、市辖区建成区 / 县城区建成区。地级市层面的体检范围涉及市域、市辖区、市辖区建成区 3 个层级，县级层面的体检范围涉及县域、城区、县城区建成区 3 个层级，且两类试点城市的体检涉及的层级范围尽量与自体检的范围保持一致，以使指标数据可对比。

（三）技术思路

都市圈城市体检不仅关注城市自身的问题，更关注都市圈内城市之间的互联互通，包括人口流、交通流、经济流、信息流等。依据国家、湖北省关于城市体检工作的要求，以问题和目标为导向，在地级市和县级层面，按照"定范围—建体系—集数据—诊问题—找对策"的思路构建都市圈体检评估框架（图 7-1）。

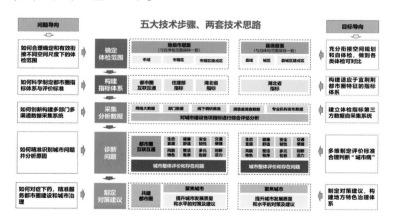

图 7-1 都市圈城市体检技术思路示意图
（图片来源：自绘）

（四）主要成果

1. 构建指标体系

基于地级市、县（市）两类样本的实际情况，差异化地形成圈—市—县三个维度、地级市—县级两套指标体系。

　　地级市以住房和城乡建设部、湖北省指标体系"8"个维度指标为基础，补充都市圈层面互联互通"1"方面的特色指标，形成"1+8"的指标体系（图7-2）。横向对比采用3市均有的指标，即对"1+8"类共54项指标进行横向评价；其中，都市圈互联互通指标有5项、生态宜居指标有18项、健康舒适指标有8项、安全韧性指标有10项、交通便捷指标有4项、风貌特色指标有3项、整洁有序指标有2项、多元包容指标有2项、创新活力指标有2项。

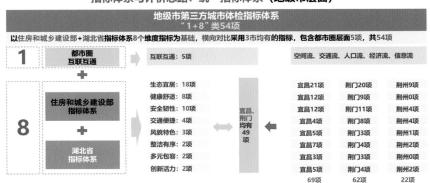

图 7-2　宜荆荆都市圈地级市指标体系
（图片来源：自绘）

　　县级指标以湖北省指标体系为基础，保留了4市均有的指标，对8类共35项指标进行分析评价（图7-3），包括生态宜居指标13项、健康舒适指标5项、安全韧性指标7项、交通便捷指标3项、风貌特色指标2项、整洁有序指标2项、多元包容指标2项、创新活力指标1项。

2. 诊断分析评价

　　根据指标和工作对象的特点，分别形成都市圈维度、城市维度两个不同的工作步骤。

图 7-3　宜荆荆都市圈县级指标体系
（图片来源：自绘）

（1）都市圈维度：突出"要素流"。

通过对都市圈"要素流"进行提取和分析，包括空间流、交通流、人口流、经济流、信息流等，评价都市圈主要城市之间的互联互通程度，发现在都市圈建设层面的短板和问题。

①空间流。

在空间扩展上，通过对比 2010—2020 年夜景灯光数据，并分析主要城市用地扩张速度，可知宜昌城区用地扩张速度比荆门、荆州慢，主要沿江发展，与荆州联系紧密（图 7-4）。

②交通流。

在交通联系上，在公路方面，通过分析百度地图采集的宜昌与各城市之间公路驾车距离可知，宜荆荆都市圈满足城市群 2 小时通达的要求。在铁路方面，通过火车班次分析交通联系强度，可知宜昌与武汉、荆州之间火车联系紧密（图 7-5）。

空间流：从总体发展趋势看，都市圈内沿江城市空间联系较为紧密。

空间流：3市均以老城区为核心向外扩张，荆门市辖区建设用地扩展倍数最大。

宜昌市城区用地扩张速度比荆门、荆州慢，主要沿江发展，与荆州联系紧密；荆门市城区用地扩张速度最快，主要向南扩张，与荆州联系紧密；荆州市城区用地扩张速度居中，沿江拓展。

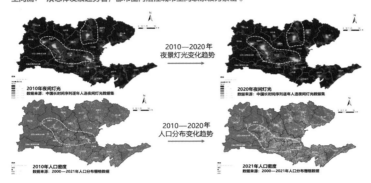

图 7-4　空间流分析示意图
（图片来源：自绘）

交通流：宜昌与武汉市、荆州市火车联系紧密；与荆州市、荆门市满足城市群2小时通达。

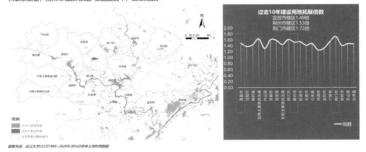

图 7-5　交通流分析示意图
（图片来源：自绘）

③人口流。

在人口联系上，利用百度迁徙数据分析宜昌与其他城市的人口联系。宜昌短期人口流动频繁的城市为荆州、武汉、恩施、荆门，这说明宜昌不仅对圈内的荆州、荆门人口有吸引力，还与武汉、恩施存在频繁的人口流动。利用手机信令数据分别分析3个城市与省内城市的人口流动可知，宜昌与荆州、恩施的联系度强于荆门，除了宜昌，荆州还跟潜江有很强的联系；同时，宜昌与荆州往来人口基本均衡，宜昌与荆门之间人口流动互动关系弱，作为牵头城市，宜昌引领性和吸引力不足（图7-6）。

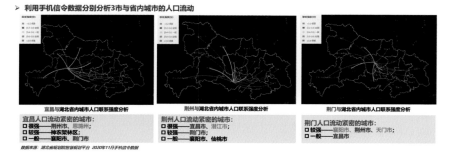

图 7-6 人口流分析示意图
（图片来源：自绘）

④经济流。

在经济联系上，利用 GDP 总量、人口和距离分析经济联系程度可知，宜昌与圈内城市的经济联系强度弱于武汉、襄阳。聚焦都市圈 3 大主要城市可知，宜昌与荆州、荆州与荆门经济联系紧密，宜昌对荆州有更强的拉动与辐射作用（图 7-7）。

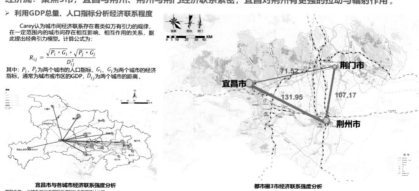

图 7-7　经济流分析示意图
（图片来源：自绘）

⑤信息流。

在信息互通上，利用百度搜索指数分析信息联系强度可知，宜昌搜索热度最高，同时，荆州、荆门呈现搜索关联度极高的特点（图 7-8）。

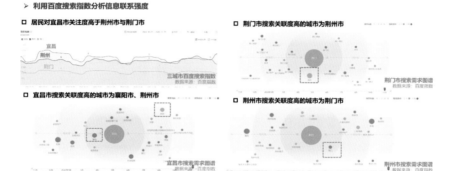

图 7-8　信息流分析示意图
（图片来源：自绘）

（2）城市维度：体现"三步法"。

与自体检不同，第三方体检的要求和作用突出体现在三个方面：对比、检验、反馈。基于第三方体检的作用和要求，本次体检采用"三步法"对指标进行分析评价：一是与体检标准比，对标找问题（发现"城市病"并明确严重程度）；二是与同类城市横向对比，横向找差距；三是与自体检对标，向部门作反馈（图 7-9）。

3. 结论建议

（1）宜昌市。

①分析评价。

宜昌市的宜居性较好、设施较为完善、出行畅通。宜昌市在互联互通方面的"领头羊"地位明显，对荆州市具有更强的辐射带动作用，但与圈内城市的经济联系仍有待加强。在除互联互通维度的指标外的 8 个维度共

图 7-9 "三步法"示意图
（图片来源：自绘）

计 49 项指标中，有 29 项达标、20 项未达标，整体达标率为 59%，城市发展整体向好。在生态宜居、健康舒适、交通便捷、风貌特色、创新活力维度的评价上表现较好，达标率均超过 50%，在安全韧性、整洁有序、多元包容维度的评价上表现一般。区域山水资源丰富，生态环境本底好。城市区域开发强度适中，建成区人口密度较低，相关指标均达到体检评价标准要求。公园绿化活动场地服务半径覆盖率和城市绿道服务半径覆盖率均达到体检评价标准要求，且指标值超过荆门市，在绿化建设方面取得了较好的效果。城市生态走廊、生态间隔带内生态用地占比和生态生活岸线占总岸线比例均较高，绿色建筑的应用达到 100%，城市生态宜居性较好。整体来看，宜昌市城市环境健康舒适、整体向好，新建住宅建筑密度管控较好，分级诊疗体系相对完善，社区商业和教育设施较为齐全，城市居民小区生活垃圾分类全面覆盖，道路无障碍设施建设完善，人均体育场地面积达标。城市建成区高峰期平均机动车速度达标，通行顺畅；居民出行时间普遍在 25 分钟左右，通勤距离在 5 千米以内，出行时间成本较低、通勤效率高。目前历史文化街区、历史建筑均全面挂牌，历史建筑全部合理使用，历史文化资源保护得当。

②问题诊断。

宜昌市在安全韧性、整洁有序、多元包容 3 个维度的达标率低于 60%。在生态环境方面，建筑垃圾资源化利用率、城市功能区声环境质量监测点次达标率未达标，尤其是夜间声环境的情况较差；城市生活污水集中收集率、再生水利用率偏低。公共服务设施建设不足，万人城市文化建筑面积、完整居住社区覆盖率、社区养老设施服务覆盖率均不达标；既有住宅楼电梯加装率偏低，建筑高度管控不力。城市安全韧性建设及智慧管理有待提升。城市内涝治理相关指标不达标，高等级医院覆盖略有不足；城市道路交通事故万车死亡率超过标准，消防站覆盖不足，城市安全救援存在隐患；城市公共供水管网漏损率偏高，供水安全保障不足；实施物业管理的住宅小区占比不达标，且相关数值低于荆州市，市政管网智能化监测不足。

③对策建议。

在环境品质方面，应坚持源头治理，加强大气污染防治，严格管控城市噪声，深入推进节能减排全民行动；提升污水收集治理及再生水利用水平，加强垃圾回收利用，提高建筑垃圾资源化利用水平；落实"北岸控密度、南岸控高度、滨江控宽度"的要求，加强城市风貌管控。在设施完善方面，应补充完善托幼、养老等配套设施，提升社区公共服务水平与环境品质；改善小区物业等管理和服务水平，推动建立老旧小区改造长效管理机制；增加对城市居民改善性住房建设的投入，增强城市多元包容性。在安全韧性方面，应强化交通管理智慧化手段的应用，保障出行安全；完善城市标准消防站、小型普通消防站、市政消防栓等设施，提升城市应对突发安全事件的能力，持续推进海绵城市建设，推进市政管网普查、归档、智能化监测。

（2）荆州市。

①分析评价。

荆州市的环境建设成效较好、生活交通便利、风貌特色突出。荆州市在互联互通方面受到宜昌市的辐射带动，与荆门市在人口、经济、信息等方面的联系较为紧密。在除互联互通维度指标外的 8 个维度共计 22 项指标中，有 12 项达标、10 项未达标，整体达标率为 55%，城市发展整体向好。在生态宜居、交通便捷、风貌特色维度的评价上表现较好，达标率均超过 60%；在整洁有序、创新活力维度的评价上表现一般，达标率均为 50%；在安全韧性维度的评价上表现较差，达标率为 0%，需进一步加强。城市区域开发强度、建成区人口密度、生态生活岸线占总岸线比例、空气质量优良天数比率、再生水利用率等指标均达到标准要求，在城市强度密度控制、生态环境方面取得较好的建设成效。荆州市目前正在加快建设集"铁、公、水、空"于一体的现代综合交通枢纽，道路交通系统日益完善，建成区高峰期平均机动车速度、城市常住人口平均单程通勤时间、通勤距离小于 5 千米的人口比例均高出标准值，建设成效好，但城市道路网密度未达标，仍有提升空间。此外，荆州市历史悠久，文化底蕴深厚，1982 年成为全国首批公布的 24 座历史文化名城之一，城市历史文化街区、历史建筑挂牌率以及实施物业管理的住宅小区占比、社区志愿者数量远超标准值，城市文化特色、创新活力等方面的建设成效显著。

②问题诊断。

荆州市的资源利用效率不高，城市安全韧性建设和创新投入不足。生态环境、资源利用效率尚有提升空间。荆州市夜间声环境不佳，建筑垃圾资源化利用率低，城市居民小区生活垃圾分类覆盖率较低，道路网密度不达标。城市安全韧性问题突出。荆州市城市可渗透地面面积比例偏低，城市公共供水管网漏损率偏高，城市消防站覆盖不足，城市安全存在隐患。

城市创新投入不足，科技投入水平较低，与标准值有一定差距。

③对策建议。

在环境品质方面，应加大对噪声的监管与整治力度，重点改善夜间声环境质量；进一步提高路网密度，优化生活性集散交通的系统布局；提升城市低碳节能建设水平，提高建筑垃圾资源化利用率。在设施完善方面，应支持现有低等级医院提档升级，完善市政消防设施，提升城市小区生活垃圾处理水平，提高城市可渗透地面面积比例。在城市治理方面，应加大科研创新投入，提升城市的科研创新水平，增强城市活力。

（3）荆门市。

①分析评价。

在互联互通方面，荆门市与宜昌市的联系较弱，与荆州市的联系紧密。在除互联互通维度指标外的 8 个维度共计 49 项指标中，有 25 项达标、24 项不达标，整体达标率为 51%。在生态宜居、安全韧性、交通便捷、风貌特色、多元包容、创新活力维度的指标达标率均达到或超过 50%，城市发展整体良好。荆门市山川秀美，生态环境本底好。城市生态走廊、生态间隔带内生态用地占比及生态生活岸线占总岸线比例、城市功能区声环境质量监测点次达标率、地表水达到或好于Ⅲ类水体比例、城市生活污水集中收集率均达标，在园林绿化和生态环境建设方面取得了较好的效果。医院、体育等部分公共服务设施建设完备，人均体育场地面积、城市二级及以上医院覆盖率、人均避难场所有效避难面积、城市公共供水管网漏损率等指标在 3 个地级市指标排名中位居前列，在医疗、体育、防灾等方面建设成效显著。近年来，荆门市道路交通系统日益完善，建成区高峰期平均机动车速度、城市常住人口平均单程通勤时间均远超标准，在集散性交通建设方面成效显著。

②问题诊断。

荆门市在建筑高度控制、完整社区覆盖和文化设施方面的建设不足。荆门市新建住宅建筑高度超过 80 米的有 60 栋，建筑高度控制不力。建筑垃圾资源化利用率为 1.48%，再生水利用率为 9.86%，资源利用水平有待提升。设施配套不完善，既有住宅楼电梯加装率偏低，在社区幼儿园、养老设施建设方面存在明显短板；消防站覆盖不足，集中隔离房间实际数量仅约为目标的一半，对突发事件的应对能力有待增强。在文化设施建设与文化传承上短板突出，文化设施建设不足，低碳节能建设有待加强。

③对策建议。

在生态宜居方面，应加强对新建住宅建筑高度与密度的管控，提升居住空间的舒适度与安全性；优化公园绿地布局，构建多层次的城市绿地网络系统；提高建筑垃圾资源化利用率及再生水利用率；推进完整居住社区建设，完善社区基层医疗、养老、托育设施，优化配置安全保障设施。在城市活力方面，应提高城市文化等服务设施的供给能力，吸引人口流入。

（4）枝江市。

①分析评价。

在枝江市体检评价的 8 个维度共计 35 项指标中，有 22 项达标、13 项未达标，整体达标率为 63%，整体评价较好。枝江市在生态宜居、健康舒适、交通便捷、整洁有序、多元包容、创新活力维度的评价上表现较好，达标率均超过 60%；在风貌特色维度的评价上表现一般，达标率为 50%；在安全韧性维度的评价上表现略差，达标率低于 50%，需要进一步加强。枝江市城市绿道建设成效较好，但仍有提升空间；公园绿化活动场地建设成效突出，新建建筑中绿色建筑的建设仍有提升空间；新建住宅及体育场地、道路无障碍设施的建设成效较好。

②问题诊断。

在生态宜居维度，枝江市的建筑高度管控不力，超过 80 米的新建住宅数量较多；新建建筑中装配式建筑的比例、建筑垃圾资源化利用率均较低；再生水利用率远低于标准要求。在健康舒适维度，社区公共服务设施缺乏，社区卫生服务中心门诊分担率偏低，分级诊疗体系不够完善。在安全韧性维度，内涝点治理不足，人均避难场所匮乏，消防救援设施短缺，城市智能化发展滞后。在交通便捷维度，城市绿色交通发展有待加强，专用自行车道密度不够。在风貌特色维度，城市历史文化保护不足，历史建筑空置率高，历史建筑保护问题较为突出。

③对策建议。

针对安全韧性和风貌特色两个维度存在的突出问题，应加强城市内涝点治理，增加消防站及避难场所，积极推动市政管网智能化建设，加强城市历史文化的保护与传承，加强城市建筑风貌管理，建立分级、分类的保护名录和历史文化保护数据库等对策。

（5）当阳市。

①分析评价。

在当阳市体检评价的 8 个维度共计 35 项指标中，有 18 项达标、17 项未达标，整体达标率为 51%，整体评价一般。当阳市在生态宜居、交通便捷、多元包容维度的评价上表现较好，达标率均超过 60%；在整洁有序维度的评价上表现一般，达标率为 50%；在健康舒适、安全韧性、风貌特色、创新活力维度的评价上表现略差，达标率均低于 50%，需要进一步加强。其中，城市绿道、新建建筑中绿色建筑的建设成效较好；体育场地、新建住宅小区、避难场所的建设成效突出。

②问题诊断。

在生态宜居维度，当阳市的公园绿化活动场地服务半径覆盖率偏低，新建建筑中装配式建筑比例和建筑垃圾资源化利用率均偏低，尚未推行再生水利用。在健康舒适维度，完整居住社区覆盖率偏低，社区医疗服务水平较低，老旧小区既有住宅楼电梯加装率偏低。在安全韧性维度，城市标准消防站及小型普通消防站覆盖率较低；建成区内城市可渗透地面略有不足，城市内涝积水点消除不到位；市政管网管线智能化监测管理率偏低，韧性城市和智慧城市建设有待推进。在交通便捷维度，专用自行车道、城市慢行道路建设不足。在风貌特色维度，城市文化设施建设较为不足，历史建筑活化利用水平有待提升。在整洁有序维度，实施物业管理的住宅小区占比不达标，住宅小区专业化管理水平有待提升。

③对策建议。

在健康舒适方面，应推进完整居住社区建设，补齐公共服务设施短板；在安全韧性方面，应完善消防设施，加快排除城市内涝积水点，建设城市防洪排涝系统，加强海绵型公园和绿地建设；在风貌特色方面，应增加城市文化设施建设，强化城市历史文化保护及传承，充分彰显历史建筑的价值；在创新活力方面，应坚持科技创新，提高地区科研投入水平。

（6）宜都市。

①分析评价。

在宜都市体检评价的 8 个维度共计 35 项指标中，有 24 项达标、11 项未达标，整体达标率为 69%，整体评价较好。宜都市在风貌特色、整洁有序、多元包容、创新活力维度的评价上表现好，达标率为 100%；在生态宜居、健康舒适、安全韧性、交通便捷维度的评价上表现较好，达标率均超过 50%。其中，城市绿道、交通道路设施建设成效较好；完整居住社区、医疗卫生服务设施、市政管网管线智能化、城市文化设施、无障碍设施建设成效突出；历史文化建筑保护成效较好。

②问题诊断。

在生态宜居维度，宜都市的建筑高度管控力度不够，公园绿化活动场地覆盖不足，城市生活污水集中收集率低。在健康舒适维度，体育场地配置不足，既有住宅楼电梯加装率低，老旧小区改造有待完善。在安全韧性维度，严重影响生产生活秩序的易涝积水点数量多，内涝治理有待加强。在交通便捷维度，自行车专用道密度较低，绿色出行建设有待完善。

③对策建议。

针对生态宜居方面的突出问题，应加强对新建住宅建筑高度与密度的管控，优化城市公园绿地布局，提高装配式建筑比例和建筑垃圾资源化利用率；应持续加强水环境监管与污染治理，推进城市雨污排水系统整治与改造。

（7）长阳土家族自治县。

①分析评价。

在长阳土家族自治县体检评价的 8 个维度共计 35 项指标中，有 18 项达标、17 项未达标，整体达标率为 51%，整体评价一般。长阳土家族自治县仅在生态宜居、交通便捷维度的评价上表现较好，达标率均超过 60%；在风貌特色、整洁有序、多元包容维度的评价上表现一般，达标率均为 50%；在健康舒适、安全韧性、创新活力维度的评价上表现略差，达标率均低于 50%，需要进一步加强。其中，新建建筑中绿色建筑的建设成效突出，生活污水处理设施配套完善。

②问题诊断。

在生态宜居维度，长阳土家族自治县的建筑垃圾资源化利用率、再生水利用率、新建建筑中装配式建筑比例均偏低。在健康舒适维度，体育设施缺乏，人均体育场地不足；社区卫生服务中心门诊分担率较低，社区医疗服务水平急需提升。在安全韧性维度，城市二级及以上医院覆盖率、城市标准消防站及小型普通消防站覆盖率较低，人均避难场所有效避难面积不足，消防应急等方面的问题较为突出。在交通便捷维度，长阳土家族自治县作为山区县，不适宜自行车骑行，尚未建立自行车专用道。在风貌特色维度，历史建筑未能全面利用，部分建筑处于空置状态。在整洁有序维度，城市居民小区生活垃圾分类覆盖率偏低，垃圾分类工作有待推进。在多元包容维度，道路无障碍设施建设滞后，未能保障残疾人、老年人、孕妇、儿童等弱势群体的权益。

　　③对策建议。

　　针对健康舒适、安全韧性、多元包容方面的突出短板，在健康舒适方面，应完善城市体育设施，推进社区医院建设，改善基层医疗机构条件，加快推进老旧小区电梯安装；在安全韧性方面，应加强城市标准消防站及小型普通消防站配套设施建设，提高城市消防站覆盖率，同时结合公园、广场构建城市应急避难体系，优化配置城市安全保障设施；在多元包容方面，应完善道路无障碍设施，提高城市无障碍设施的供给能力。

（五）项目特色及创新

1. 空间范围——衔接两类体检空间范围

　　2022 年 7 月，住房和城乡建设部城市体检专家指导委员会在《＜做好城市体检评估 推动城市健康发展＞培训材料》中明确提出第三方体检的作用之一是对自体检成果进行检验，为保证数据的可对比性，本次第三方体检的范围与自体检空间范围保持一致。

2. 指标体系——差异化圈、市、县三维度指标体系

　　通过分析历年住房和城乡建设部组织的全国试点城市第三方体检报告，可知第三方体检的核心内容是城市间进行横向对比，考虑本次体检试

点城市的差异性，按照湖北省 2022 年度城市体检工作的要求，本次第三方体检分别构建圈、市、县三维度指标体系，开展评价工作。

3. 组织模式——政府牵头、部门统筹、纵横联动

依据湖北省《关于开展 2022 年湖北省城市体检工作的通知》的要求，都市圈体检由各都市圈牵头城市（武汉市、宜昌市、襄阳市）组织开展，评价本都市圈内试点城市人居环境质量及建设成效，形成第三方城市体检报告。本次体检形成宜昌市政府牵头，宜昌市住房和城乡建设局横向统筹荆州市、荆门市住房和城乡建设局，各市住房和城乡建设局纵向统筹本市职能部门的工作组织模式（图 7-10）。

图 7-10   工作组织模式示意图
（图片来源：自绘）

4. 技术方法——拓展多元数据渠道

基于对多维技术的应用（例如地理信息系统、遥感等技术），以多源网络数据为核心（例如 POI、自动光学检测、夜景灯光数据、人口密度分布数据、土地利用分类数据等），政府统计数据为辅助（统计年鉴、湖北省城乡建设年鉴等），借助智能辅助决策工具（如政府门户网站、百度搜

索平台、百度指数平台、12306 官方网站、智慧规划平台等），采用多种
数据分析方法（如网络爬虫、经典引力模型、手机信令、随机树遥感解译、
GIS 空间分析等），完成试点城市间的横向对比和排序（图 7-11）。

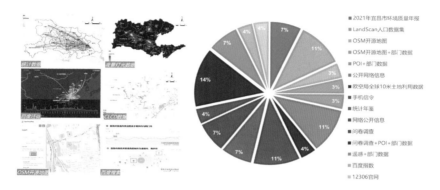

图 7-11 技术方法示意图
（图片来源：自绘）

二、鄂州市城市体检

（一）项目背景

　　鄂州市是一座历史悠久、风景秀丽的历史文化名城、滨江山水名城和
改革示范名城，也是武汉都市圈核心区的活力高地。在其快速发展和建设
的过程中，不可避免地出现了一些城市问题，如内涝防治低效、设施配建
不足等。为全面系统地问诊鄂州城市建设和治理问题，鄂州市的自体检以
国家和湖北省城市体检要求为基础，结合鄂州市自身特色，贴合民生诉求，

从市域和市辖区两个层次入手,探索"市区联动"的城市体检工作方法路径。

（二）体检范围

根据《关于开展 2022 年湖北省城市体检工作的通知》、住房和城乡建设部《城市体检评估技术指南（试行）》确定鄂州市城市体检范围,分为市域和市辖区两个层次。

1. 市域层面

鄂州市市域包括鄂城区、华容区、梁子湖区 3 个县级行政区和省级临空经济区、国家级葛店经济技术开发区 2 个功能区,行政总面积为 1596 平方千米。鄂州市自体检从全市层面评价城市的生态环境、绿色低碳、风险管控、区域互联、城乡治理及创新活力水平等。

2. 市辖区层面

鄂州市包括鄂城区、华容区、梁子湖区 3 个市辖区。市辖区层面体检重点评价建成区范围的开发强度、绿化建设、居住品质、设施建设、城市交通、遗产保护水平等。

鄂城区重点体检范围包括鄂城区的 45 个行政村（图 7-12）,行政区面积共计 76.88 平方千米,其中建设用地面积为 46.38 平方千米,常住人口为 37.95 万人。

华容区重点体检范围包括华容居委会、韩畈村等 41 个行政村（社区）（图 7-13）,行政区面积共计 83.65 平方千米,建成区面积为 38.99 平方千米,常住人口为 13.98 万人。

梁子湖区重点体检范围包括新城村、太和居委会、谢培村 3 个行政村（社区）（图 7-14）,行政区面积共计 8.61 平方千米,建成区面积为 2.38 平方千米,常住人口为 1.96 万人。

图 7-12　鄂州市市辖区层面体检范围图（鄂城区）
（图片来源：自绘）

图 7-13　鄂州市市辖区层面体检范围图（华容区）
（图片来源：自绘）

图7-14   鄂州市市辖区层面体检范围图（梁子湖区）
（图片来源：自绘）

（三）主要成果

1. 构建体检指标体系

鄂州市城市体检指标按照"国—省—市"三级工作要求，从基础指标、鄂州市城市特色指标两个方面构建鄂州城市体检指标体系。

落实"国—省"体检工作要求的指标体系，以住房和城乡建设部城市体检指标、湖北省体检指标（城市体检指标、都市圈体检指标）为基础，围绕生态宜居、健康舒适、安全韧性、交通便捷、风貌特色、整洁有序、多元包容、创新活力8个方面，构建鄂州市基础指标（表7-1）。

表 7-1　鄂州市 58 项基础指标

目　标	序号	指标名称	指标来源
生态宜居（18）	1	区域开发强度	2022 年湖北省指标体系
	2	建成区人口密度	2022 年湖北省指标体系
	3	新建住宅建筑高度超过 80 米的数量	2022 年湖北省指标体系
	4	新建建筑中绿色建筑比例	2022 年湖北省指标体系
	5	新建建筑中装配式建筑比例	2022 年湖北省指标体系
	6	单位 GDP 二氧化碳排放强度下降比例	2022 年湖北省指标体系
	7	城市园林绿化建设养护专项资金	2022 年湖北省指标体系
	8	城市绿道服务半径覆盖率	2022 年湖北省指标体系
	9	公园绿化活动场地服务半径覆盖率	2022 年湖北省指标体系
	10	城市功能区声环境质量监测点次达标率	2022 年湖北省指标体系
	11	空气质量优良天数比率	2022 年湖北省指标体系
	12	地表水达到或好于Ⅲ类水体比例	2022 年湖北省指标体系
	13	城市生活污水集中收集率	2022 年湖北省指标体系
	14	再生水利用率	2022 年湖北省指标体系
	15	城市生活垃圾资源化利用率	2022 年湖北省指标体系
	16	森林覆盖率	湖北省都市圈体检特色指标表（参考）
	17	绿道普及率	湖北省都市圈体检特色指标表（参考）
	18	重要岸线绿廊连续度	湖北省都市圈体检特色指标表（参考）
健康舒适（6）	19	完整居住社区覆盖率	2022 年湖北省指标体系
	20	新建住宅建筑密度超过 30% 的比例	2022 年湖北省指标体系
	21	既有住宅楼电梯加装率	2022 年湖北省指标体系
	22	社区卫生服务中心门诊分担率	2022 年湖北省指标体系
	23	人均体育场地面积	2022 年湖北省指标体系
	24	城市更新行动开展覆盖率	湖北省都市圈体检特色指标表（参考）

（续表）

目　标	序号	指标名称	指标来源
安全韧性 （11）	25	消除严重影响生产生活秩序的易涝积水点数量比例	2022 年湖北省指标体系
	26	城市可渗透地面面积比例	2022 年湖北省指标体系
	27	城市二级及以上医院覆盖率	2022 年湖北省指标体系
	28	集中隔离房间储备比例	2022 年湖北省指标体系
	29	人均避难场所有效避难面积	2022 年湖北省指标体系
	30	城市标准消防站及小型普通消防站覆盖率	2022 年湖北省指标体系
	31	市政管网管线智能化监测管理率	2022 年湖北省指标体系
	32	天然气管网普及率	湖北省都市圈体检特色指标表（参考）
	33	供水管网普及率	湖北省都市圈体检特色指标表（参考）
	34	防洪堤达标率	湖北省都市圈体检特色指标表（参考）
	35	城市信息模型基础平台联通率	湖北省都市圈体检特色指标表（参考）
交通便捷 （7）	36	建成区高峰期平均机动车速度	2022 年湖北省指标体系
	37	城市道路网密度	2022 年湖北省指标体系
	38	专用自行车道密度	2022 年湖北省指标体系
	39	区域城际轨道交通覆盖率	湖北省都市圈体检特色指标表（参考）
	40	区域市（县）际断头路、瓶颈路畅通项目完成率	湖北省都市圈体检特色指标表（参考）
	41	区域城际铁路班次	湖北省都市圈体检特色指标表（参考）
	42	区域城际公交班次	湖北省都市圈体检特色指标表（参考）
风貌特色 （4）	43	万人城市文化建筑面积	2022 年湖北省指标体系
	44	历史文化街区、历史建筑挂牌率	2022 年湖北省指标体系
	45	历史建筑空置率	2022 年湖北省指标体系
	46	蓝绿空间占比	湖北省都市圈体检特色指标表（参考）

（续表）

目 标	序号	指标名称	指标来源
整洁有序（4）	47	城市居民小区生活垃圾分类覆盖率	2022 年湖北省指标体系
	48	实施物业管理的住宅小区占比	2022 年湖北省指标体系
	49	城乡环境整治行动开展比例	湖北省都市圈体检特色指标表（参考）
	50	"擦亮小城镇"建设行动开展比例	湖北省都市圈体检特色指标表（参考）
多元包容（4）	51	道路无障碍设施建设率	2022 年湖北省指标体系
	52	新增保障性租赁住房套数占新增住房供应套数的比例	2022 年湖北省指标体系
	53	新市民、青年人保障性租赁住房覆盖率	2022 年湖北省指标体系
	54	区域异地公积金贷款办理数量	湖北省都市圈体检特色指标表（参考）
创新活力（4）	55	全社会科研经费支出占 GDP 比重	2022 年湖北省指标体系
	56	技术改造投资占工业投资比重	2022 年湖北省指标体系
	57	承接产业转移项目数量	湖北省都市圈体检特色指标表（参考）
	58	规上工业企业研发机构覆盖率	湖北省都市圈体检特色指标表（参考）

基于鄂州市"历史悠久、枕山带水的改革名城、武汉都市圈同城化的活力高地城市"的城市特色和"两区一枢纽"的发展目标，补充增加 25 项特色指标（表 7-2）。

表 7-2　鄂州市 25 项特色指标

大　类	小　类	指　标
城市发展特色 （15 个）	历史悠久、枕山 带水的改革名城	历史文化街区、建筑、文物保护单位保护修缮率
		非物质文化遗产数量
		历史文化街区保护规划编制完成率
		生态、生活岸线占总岸线比例
		年新建"口袋公园"数
		进出口贸易总额
		省级以上专精特新企业数量
	武汉都市圈同城 化的活力高地	基于手机信令的跨城通勤联系度
		城市常住人口平均单程通勤时间
		通勤距离小于 5 千米的人口比例
		停车泊位供应比例
		房价与居民可支配收入之比
		社区便民商业服务设施覆盖率
		社区养老服务设施覆盖率
		社区托育服务设施覆盖率
城市发展目标 （10 个）	武汉城市圈同城 化核心区	高新技术产业增加值占 GDP 总量的百分比
		万人高新技术企业数
		数字化城市管理覆盖率
	全国城乡融合发 展示范区	城乡居民收入差距指数
		人口净流出
		省级美丽乡村示范村占总乡村数的比例
	国际一流航空货 运枢纽	核心枢纽年货邮吞吐量
		核心枢纽年旅客吞吐量
		机场国际国内通航城市数量
		国际航线年货邮吞吐量

2. 核心问题诊断

①在生态宜居方面，鄂州市生态资源优越，需进一步推广绿色生产生活方式。

鄂州市北临长江，城内有莲花山、西山风景区、洋澜湖等自然生态空间，生态资源条件十分优越。在生态环境方面，2017—2021 年，鄂州城区环境质量优良天数分别为 280 天、295 天、289 天、322 天和 312 天，总体趋势向好，水环境和声环境的管控治理也初见成效。

城市绿色生产生活方式尚未形成。2018—2021 年，鄂州市城市污水集中收集率逐年上升，但仍低于 70% 的评价指标，主要是因为老城区管网排查与改造项目进展不快，老城区部分存量管网雨污分流不彻底，部分老旧小区排水设施不完善。2020 年，鄂州市单位 GDP 二氧化碳排放量出现反弹性上升，从 2019 年的 1.41 吨 / 每亿元上升至 1.54 吨 / 每亿元。2021 年，鄂州市再生水利用率为 12.62%，远远低于评价标准（地级及以上城市大于等于 25%）。装配式建筑应用仍不广泛，仅有葛店装配式建筑智造基地、湖北三和新构件科技有限公司两个装配式产业基地，其中湖北三和新构件科技有限公司 2021 年度被湖北省住房和城乡建设厅认定为省级装配式建筑示范产业基地。

②在健康舒适方面，鄂州市的完整社区建设需进一步加强。

2020 年 8 月，住房和城乡建设部发布《关于开展城市居住社区建设补短板行动的意见》和《完整居住社区建设标准（试行）》，将"推进完整社区建设"列为住房和城乡建设部九大重点任务之一；2021 年，住房和城乡建设部将完整社区建设纳入城市更新行动，12 月印发《完整居住社区建设指南》。截至 2021 年底，鄂州共完成了江城、雷山、花园等 3 个社区的完整居住社区改造，完整居住社区覆盖率为 9.09%，远未达到不小于 45% 的体检标准。

城市更新和老旧小区改造的力度仍需加大。2018 年，鄂州市人民政府印发《市人民政府关于印发鄂州市既有住宅增设电梯指导意见的通知》（鄂州政规〔2018〕6 号），明确了申办流程。2021 年，鄂州市住房公积金管理委员会印发了《鄂州市住房公积金管理委员会关于印发＜鄂州市既有多层住宅增设电梯提取住房公积金管理办法＞的通知》（鄂州公管委〔2023〕5号），进一步对安装费用加强政策扶持。2022年，鄂州市聚焦创建全国文明典范城市十大攻坚任务，鄂城区积极响应号召，大力推进老旧小区改造，全面开启既有多层住宅加装电梯攻坚行动，中心城区计划启动100台既有住宅增设电梯任务。截至2021年底，鄂城区累计完成电梯加装的单元数量为21个，覆盖率仅为2.12%。2022年继续推进电梯加装工作，累计完成协议签订97个单元，正在开工建设51个单元。老城区城市更新行动开展覆盖面积32.40平方千米，覆盖率仅为49.16%。

③在安全韧性方面，鄂州市的消防保障存在短板，城市内涝治理滞后。

在消防保障方面，截至2021年末，鄂城区建成区共有6个消防站，包括2个标准站——寿昌大道消防救援站和樊蒲大道专职消防站，1个特勤消防站——葛山大道特勤站，3个小型消防站——中心医院小型消防站、古城路专职消防站、雷山小型消防站。城市标准消防站及小型普通消防站覆盖率仅为39.03%，与国家大于等于55%的标准存在较大差距，存在较大的消防救援短板。

在城市内涝治理方面，2021年，鄂城区共有易涝点19处，其中严重影响生产生活秩序的易涝积水点有2处，分别是大桥路营龙管业门口和鄂东大道武汉东周边。2021年仅消除1处内涝点——大桥路营龙管业门口，消除严重影响生产生活秩序的易涝积水点数量比例仅为50%，城市内涝治理力度不足，影响城市生产生活秩序。

④在交通便捷方面，鄂州市的道路微循环仍不完善，停车泊位供应不足。

鄂州市自体检基于部门台账和OSM（OpenStreetMap，开放街道地图）开源地图数据双向评估了城区道路网密度情况，体检均未达标。基于鄂州市城市管理委员会道路建设台账，鄂州市主次支路长度为 218.84 千米，2021 年鄂城区建成区面积为 65.91 平方千米，鄂城区道路密度为 3.32 千米 / 千米 ^{2}，从 OSM 开源地图数据分析，道路密度为 3.91 千米 / 千米 ^{2}，均未达到 7 千米 / 千米 ^{2} 的国家标准要求，城市路网密度偏低。体检进一步分析了各等级道路建设情况，提出了"老城区街坊尺度偏大，普遍在 600 米 ×400 米，突破街区适宜尺度 300 米 ×300 米"的核心问题，诊断出"老城区街区路网微循环不足，断头、错位相接、畸形交叉的支路和巷道多"的病因。

根据城市体检和满意度调查结果来看，鄂城区停车泊位供应不足。鄂城区的机动车停车位有 42605 个，机动车保有量约为 107173 辆，停车泊位供应比仅为 0.4，远低于《城市停车规划规范》（GB/T 51149—2016）要求的 1.1 ~ 1.3 的供应标准。除了总量供应不足，鄂城区还存在停车泊位供应的供需空间不匹配的问题。鼓楼、凤凰街道人口高密度区域停车位供应不足，特别是在老城区内，只能依托城市支路占道停车，挤占了大量非机动车道空间，进一步造成机非分离失效问题，影响通行效率。

⑤在风貌特色方面，鄂州市城市风貌特色不突出，文化软实力不强。

鄂州市在城市文化设施建设和历史文化保护利用方面投入了大量人力和物力。鄂城区共有大型公共文化建筑 8 处，包括鄂州市博物馆、鄂州市群众艺术馆、鄂州市非遗馆、鄂州市城市展示馆、鄂州美术馆、鄂州市图书馆、鄂州大剧院、鄂城区"三馆两中心"，万人城市文化建筑面积为 1576.40 平方米，超过国家不小于 1500 平方米的标准，市级文化设施配备完善。鼓楼街历史文化街区和沿江历史文化街区等 2 处历史文化街区，以及原人民银行鄂州支行（营业厅）、原人民银行鄂州支行（营业办公宿舍综合楼）、六十口闸等 12 处历史建筑均实现了挂牌保护，保护率达到 100%，全部历史建筑均在使用，无空置状态，历史文化遗产保护良好。

但根据满意度调查结果显示，市民对于鄂州市城市风貌和城市文化特质的满意度并不高，反映出在居民实际生活感受中，存在城市风貌特色不突出、城市文化彰显不足等问题。

⑥在整洁有序方面，鄂州市的市容市貌有待提升，小区管理有待加强。

鄂州市在全域开展了"擦亮小城镇"行动，城乡建设风貌有了极大改善，但鄂城区的老城区市容市貌仍有明显短板。2021年，鄂城区建成区内开展垃圾分类的小区数量为403个，建成区小区总量为736个，居民小区生活垃圾分类覆盖率仅为54.76%，生活垃圾分类普及率不高，与湖北省城市体检要求值（80%）有明显差距。建成区内实施物业管理的住宅小区数量为364个（专业化物业管理），实施物业管理的住宅小区占比为49.46%，也未达到湖北省城市体检标准值（70%）。

⑦在多元包容方面，鄂州市的弱势群体保障成果需进一步巩固。

2021年，鄂州市城乡居民收入差距指数为1.78，与"十三五"规划控制目标（1.74）还稍有差距。从湖北省各地市对比来看，鄂州市城乡居民收入差距排名中等；从10年来数据看，鄂州市城乡收入差距总体趋势在不断缩小。从房价管控来看，2021年鄂州市房价与城镇常住居民可支配收入之比为4.16，世界银行提出发达国家正常的房价收入比一般为1.8～5.5，鄂州市的房价在合理范围之内。与全国房价变化趋势一致，鄂州市房价从2017年开始涨幅较大，但在2019—2021年，鄂州市的房价收入比从4.82下降至4.16，房价调控措施成效显著。

鄂州市同样积极探索跨区域的基础保障服务。湖北省办理的第一单公积金"跨省通办"业务在鄂州市办结，标志着服务便民有了"跨省通办、一网联办"新渠道。鄂州市住房公积金中心参与签署了《武汉城市圈住房公积金中心关于推进住房公积金同城化发展的合作协议》《武汉城市圈住房公积金同城化发展3年行动方案及2021年工作要点》等纲领性指导文件，武汉、鄂州两地住房公积金中心单独签订了《武汉鄂州住房公积金同城化发展合作协议》，进一步明确了两市全面深化住房公积金同城化发展的事项。2021 年，鄂州市在武鄂黄黄都市圈异地公积金贷款办理数量达 173 次，切实解除了武汉都市圈内人才自由流动的障碍，增加了都市圈内城市住房公积金缴存职工的获得感、实惠感和幸福感。

⑧在创新活力方面，鄂州市需加强科研投入，区域枢纽建设仍在起步阶段。

鄂州市科研创新能力较强。2021 年，鄂州市高新技术产业增加值占 GDP 总量的 19.23%，基本达到《鄂州市建设省级创新型城市（试点）实施方案》中 2024 年达到 20% 的目标。从武鄂黄黄都市圈对比来看，鄂州市高新技术产业增加值占 GDP 总量值高于黄冈市平均水平，略低于黄石市，与武汉市平均水平仍有较大差距。2021 年省级及以上专精特新"小巨人"企业数达到 30 个，在武汉城市圈中位列第三（不含武汉）。

在科研创新投入方面，近 5 年来，鄂州市研究与实验发展经费投入逐步上升，受新冠肺炎疫情影响，2021 年小幅下降至 1.12%，但远远低于全国 2.44% 的平均水平和武汉市 3.33% 的平均水平，也未达到《鄂州市建设省级创新型城市（试点）实施方案》中 2024 年达到 2.30% 的目标值要求。2021 年鄂州市规上工业企业研发机构覆盖率为 13.8%，低于湖北省 27% 的平均水平，且远远低于 2025 年 50% 的目标值。

基于"两区一枢纽"建设的目标，鄂州核心枢纽功能还未发挥。2021 年，鄂州花湖国际机场国际、国内通航城市数量为 8 个，年货邮吞吐量为 2880.2 万吨，2025 年预计达到 4000 万吨；旅客吞吐量为 1.80 万人次，规划 2025 年实现 100 万人次。

（四）项目特色及创新

城市人居环境系统往往具有空间的异质性和尺度效应，不同区域、不同空间层级所面临的人居环境问题会存在明显的差异。为了提高城市体检工作的针对性和精细化程度，体检工作启动之初，项目组就确定了"市、区"联动，"体检、诊断、应用"三个阶段环环相扣的"双联动"工作方法和路径，将城市体检工作由市级层面延伸至市辖区，市区两级同步建立工作机制，为鄂州市城市高质量发展和现代化治理建言献策。

1. 指标体系的构建思路

（1）建立指标总库。

本次鄂州市城市自体检在湖北省住房和城乡建设厅提出的 8 个维度、40 项体检指标基础上，加入了 18 项都市圈体检指标，形成了 58 项基础体检指标体系。同时，鄂州市把握城市特色和发展目标，基于民生导向，增加了 25 项城市特色体检指标，形成了共计 83 项指标的指标总库。

首先，落实"国—省"体检工作要求的指标体系，以《住房和城乡建设部关于开展 2022 年城市体检工作的通知》（建科〔2022〕54 号）中确定的 8 个目标维度为基础，以湖北省住房和城乡建设厅印发的《关于开展 2022 年湖北省城市体检工作的通知》40 项基础指标为底板，整合 18 项湖北省都市圈特色体检指标，构建了包括 58 项指标的基础指标体系。其中包括生态宜居目标指标 18 项、健康舒适目标指标 6 项、安全韧性目标指标 11 项、交通便捷目标指标 7 项、风貌特色目标指标 4 项、整洁有序目标指标 4 项、多元包容目标指标 4 项和创新活力目标指标 4 项。

其次，把握城市特色和发展目标，基于民生导向，补充增加了 25 项特色体检指标。如，针对鄂州市"历史文化名城、滨江山水名城、改革示范名城"的城市特色，分别增加了"历史文化街区、建筑、文保单位保护修缮率""生态、生活岸线占总岸线比例""进出口贸易总额"等特色指标。针对中国共产党湖北省第十二次代表大会精神和中国共产党鄂州市第八次代表大会提出的"武汉都市圈同城化核心区、全国城乡融合发展示范区、国际一流航空货运枢纽"的目标定位，增加"跨城通勤联系度""城乡居民收入差距指数""核心枢纽年货邮吞吐量"等特色指标。基于民生导向，坚持"向群众身边延伸，在'实'上下功夫"，着力找到群众反映最强烈的难点、堵点、痛点问题，项目组深入鄂城区 56 个老旧小区，走进各大商圈、交通枢纽和城市公园，发放居民调查问卷超过 3000 份，围绕居民关心的住房保障、停车困难、噪声污染、居住过密、医疗等候过长、社区服务不便、交通通勤时间过长、城市吸引力不足八大问题，补充完善了"停车泊位供应比例""城市常住人口平均单程通勤时间""社区便民商业服务设施覆盖率"等 7 项贴近民生的补充指标。

最终，鄂州市形成包含 58 项基本指标、18 项特色指标、7 项补充指标共计 83 项体检指标的指标总库。

（2）差异化构建"市—区"指标体系。

针对市域和市辖区层面的体检精度和侧重点，鄂州市差异化地构建了市、区两级指标体系，开展了全链条、全生命周期、全流程的深度体检。

市级指标在 6 项基础指标和 17 项都市圈体检指标的基础上，重点从"绿化建设、智能管理、城市交通、城乡协调、创新能力、发展转型"等方面，结合鄂州市"武汉都市圈协同发展示范区、全国城乡融合发展示范区、国际一流航空货运枢纽"的建设目标，补充评价"跨城通勤联系度""城乡居民收入差距指数""核心枢纽年货邮吞吐量""生态、生活岸线占总岸线比例"等 18 项城市特色指标，通过"23+18"体检指标体系，总结鄂州市"两区一枢纽"建设成效和存在的弱项与短板。

市辖区级指标结合各辖区的中心工作和重点工作，侧重于中观和微观尺度的人居环境问题，更加关注居民感受和民生设施服务的评价。本次市辖区体检在 35 项基础指标上，补充评价“年新建‘口袋公园’数”“停车泊位供应比例”“社区托育服务设施覆盖率”等 7 项特色指标，并针对华容区老旧小区改造工作、梁子湖区生态环境保护等方面增加自选指标，以“必检指标 + 特色指标 + 自选指标”的形式建立了“35+7+*N*”的指标体系（图 7-15）。

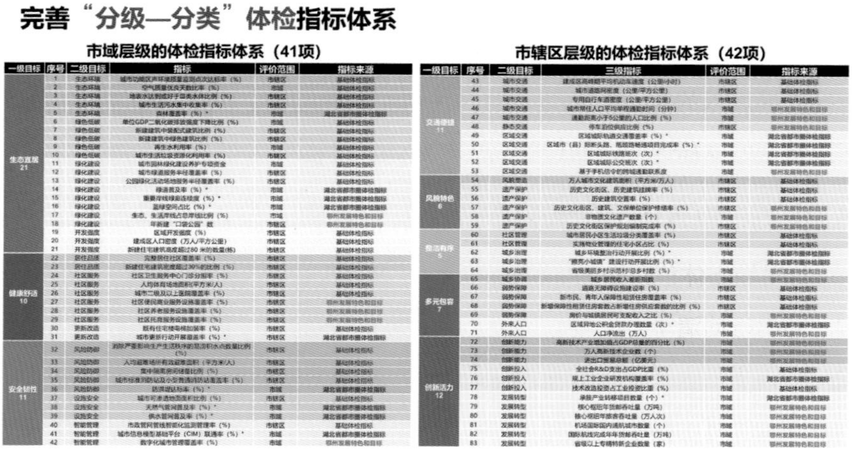

完善“分级—分类”体检指标体系

市域层级的体检指标体系（41项）

一级目标	序号	二级目标	指标	评价范围	指标来源
生态宜居 21	1	生态环境	城市功能区声环境质量监测点次达标率（%）	市辖区	基础体检指标
	2	生态环境	空气质量优良天数比率（%）	市域	基础体检指标
	3	生态环境	地表水达到或好于Ⅲ类水体比例（%）	市辖区	基础体检指标
	4	生态环境	城市生活污水集中收集率（%）	市辖区	基础体检指标
	5	生态环境	森林覆盖率（%）*	市域	湖北省都市圈体检指标
	6	绿色低碳	单位GDP二氧化碳排放强度下降比例（%）	市域	基础体检指标
	7	绿色低碳	新建建筑中装配式建筑比例（%）	市辖区	基础体检指标
	8	绿色低碳	新建建筑中绿色建筑比例（%）	市辖区	基础体检指标
	9	绿色低碳	再生水利用率（%）	市域	基础体检指标
	10	绿色低碳	城市生活垃圾资源化利用率（%）	市辖区	基础体检指标
	11	绿化建设	城市园林绿化建设养护专项资金	市域	基础体检指标
	12	绿化建设	城市绿道服务半径覆盖率（%）	市辖区	基础体检指标
	13	绿化建设	公园绿化活动场地服务半径覆盖率（%）	市辖区	基础体检指标
	14	绿化建设	绿道普及率（%）*	市域	湖北省都市圈体检指标
	15	绿化建设	重要岸线绿廊连续度（%）*	市域	湖北省都市圈体检指标
	16	绿化建设	蓝绿空间占比（%）*	市域	湖北省都市圈体检指标
	17	绿化建设	生态、生活岸线占总岸线比例（%）	市域	鄂州发展特色和目标
	18	绿化建设	年新建“口袋公园”数	市辖区	鄂州发展特色和目标
	19	开发强度	区域开发强度（%）	市辖区	基础体检指标
	20	开发强度	建成区人口密度（万人/平方公里）	市辖区	基础体检指标
	21	开发强度	新建住宅建筑高度超过80米的数量(栋)	市辖区	基础体检指标
健康舒适 10	22	居住品质	完整居住社区覆盖率（%）	市辖区	基础体检指标
	23	居住品质	新建住宅建筑密度超过30%的比例（%）	市辖区	基础体检指标
	24	社区服务	社区卫生服务中心门诊分担率（%）	市辖区	基础体检指标
	25	社区服务	人均体育场地面积(平方米/人)	市辖区	基础体检指标
	26	社区服务	城市二级及以上医院覆盖率（%）	市辖区	基础体检指标
	27	社区服务	社区便民商业服务设施覆盖率（%）	市辖区	鄂州发展特色和目标
	28	社区服务	社区养老服务设施覆盖率（%）	市辖区	鄂州发展特色和目标
	29	社区服务	社区托育服务设施覆盖率（%）	市辖区	鄂州发展特色和目标
	30	更新改造	既有住宅楼电梯加装率（%）	市辖区	基础体检指标
	31	更新改造	城市更新行动开展覆盖率（%）*	市辖区	湖北省都市圈体检指标
安全韧性 11	32	风险防御	消除严重影响生产生活秩序的易涝积水点数量比例（%）	市辖区	基础体检指标
	33	风险防御	人均避难场所有效避难面积（平方米/人）	市辖区	基础体检指标
	34	风险防御	集中隔离房间储备比例（%）	市辖区	基础体检指标
	35	风险防御	城市标准消防站及小型普通消防站覆盖率（%）	市辖区	基础体检指标
	36	风险防御	防洪堤达标率（%）*	市域	湖北省都市圈体检指标
	37	设施安全	城市可渗透地面面积比例（%）	市辖区	基础体检指标
	38	设施安全	天然气管网普及率（%）*	市域	湖北省都市圈体检指标
	39	设施安全	供水管网普及率（%）*	市域	湖北省都市圈体检指标
	40	智能管理	市政管网管线智能化监测管理率（%）	市辖区	基础体检指标
	41	智能管理	城市信息模型基础平台（CIM）联通率（%）*	市域	湖北省都市圈体检指标
	42	智能管理	数字化城市管理覆盖率（%）	市域	鄂州发展特色和目标

市辖区层级的体检指标体系（42项）

一级目标	序号	二级目标	三级指标	评价范围	指标来源
交通便捷 11	43	城市交通	建成区高峰期平均机动车速度（公里/小时）	市辖区	基础体检指标
	44	城市交通	城市道路网密度（公里/平方公里）	市辖区	基础体检指标
	45	城市交通	专用自行车道密度（公里/平方公里）	市辖区	基础体检指标
	46	城市交通	城市常住人口平均单程通勤时间（分钟）	市域	鄂州发展特色和目标
	47	城市交通	通勤距离小于5公里的人口比例（%）	市域	鄂州发展特色和目标
	48	静态交通	停车泊位供应比例（%）	市辖区	鄂州发展特色和目标
	49	区域交通	区域城际轨道交通覆盖率（%）*	市域	湖北省都市圈体检指标
	50	区域交通	区域市（县）际断头路、瓶颈路畅通项目完成率（%）*	市域	湖北省都市圈体检指标
	51	区域交通	区域城际铁路班次（次）*	市域	湖北省都市圈体检指标
	52	区域交通	区域城际公交班次（次）*	市域	湖北省都市圈体检指标
	53	区域交通	基于手机信令的跨城通勤联系度	市域	鄂州发展特色和目标
风貌特色 6	54	风貌塑造	万人城市文化建筑面积（平方米/万人）	市辖区	基础体检指标
	55	遗产保护	历史文化街区、历史建筑挂牌率（%）	市辖区	基础体检指标
	56	遗产保护	历史建筑空置率（%）	市辖区	基础体检指标
	57	遗产保护	历史文化街区、建筑、文保单位保护修缮率（%）	市辖区	鄂州发展特色和目标
	58	遗产保护	非物质文化遗产数量（个）	市域	鄂州发展特色和目标
	59	遗产保护	历史文化街区保护规划编制完成率（%）	市辖区	鄂州发展特色和目标
整洁有序 5	60	社区管理	城市居民小区生活垃圾分类覆盖率（%）	市辖区	基础体检指标
	61	社区管理	实施物业管理的住宅小区占比（%）	市辖区	基础体检指标
	62	城乡治理	城乡环境整治行动开展比例（%）*	市域	湖北省都市圈体检指标
	63	城乡治理	“擦亮小城镇”建设行动开展比例（%）*	市域	湖北省都市圈体检指标
	64	城乡治理	省级美丽乡村示范村/总乡村数（%）	市域	鄂州发展特色和目标
多元包容 7	65	城乡协调	城乡居民收入差距指数	市域	鄂州发展特色和目标
	66	弱势保障	道路无障碍设施建设率（%）	市辖区	基础体检指标
	67	弱势保障	新市民、青年人保障性租赁住房覆盖率（%）	市辖区	基础体检指标
	68	弱势保障	新增保障性租赁住房套数占新增住房供应套数的比例（%）	市辖区	基础体检指标
	69	弱势保障	房价与城镇居民可支配收入之比（%）	市域	鄂州发展特色和目标
	70	外来人口	区域异地公积金贷款办理数量（次）*	市域	湖北省都市圈体检指标
	71	外来人口	人口净流出（万人）	市域	鄂州发展特色和目标
创新活力 12	72	创新能力	高新技术产业增加值占GDP总量的百分比（%）	市域	鄂州发展特色和目标
	73	创新能力	万人高新技术企业数（个）	市域	鄂州发展特色和目标
	74	创新能力	进出口贸易总额（亿美元）	市域	鄂州发展特色和目标
	75	创新投入	全社会R&D支出占GDP比重（%）	市域	基础体检指标
	76	创新投入	规上工业企业研发机构覆盖率（%）	市域	湖北省都市圈体检指标
	77	创新投入	技术改造投资占工业投资比重（%）	市域	基础体检指标
	78	发展转型	承接产业转移项目数量（个）*	市域	湖北省都市圈体检指标
	79	发展转型	核心枢纽年货邮吞吐量（万吨）	市域	鄂州发展特色和目标
	80	发展转型	核心枢纽年旅客吞吐量（万人次）	市域	鄂州发展特色和目标
	81	发展转型	机场国际国内通航城市数量（个）	市域	鄂州发展特色和目标
	82	发展转型	国际航线完成年年货邮吞吐量（万吨）	市域	鄂州发展特色和目标
	83	发展转型	省级以上专精特新企业数量（家）	市域	鄂州发展特色和目标

图 7-15　鄂州市分级—分类体检指标体系
（图片来源：自绘）

2. 数据获取与评价

城市体检数据的获取应遵照多元开放的原则，自体检以政府官方数据为主，辅助结合开源大数据、遥感影像解译等方式。政府官方数据通过制定体检填报模板，与鄂州市各职能部门进行多轮资料收集与座谈，实时更新工作进展和部门数据。对于非常规部门统计数据，项目组通过调查问卷、公开大数据爬取、卫星影像识别分析等手段对涉及的指标问题进行数据补充与扩展研究。两类数据相互校核，形成相对客观有效的体检基础数据。

城市体检单指标评价采用了"主客观结合、纵横向比较"的工作思路。对于底线类指标，参考国家、地方标准和技术规范，确定客观评价标准；对于目标类指标，结合鄂州市城市发展历程和发展特色，采用与对标城市横向比较、与历史水平纵向比较相结合的方法，确定评价标准。

市级层面指标以部门数据为基础，通过遥感影像提取、网络爬取等方式收集手机信令数据、POI 数据、交通流量数据等城市运行大数据资料，坚持各项指标数据有来源、能落位。

市辖区层面指标结合国土调查、遥感影像、规划审批数据等，对重点数据开展深入的实地踏勘调研，提高城市体检空间网格精度，为市辖区层面高精度的体检评估提供翔实的数据支撑。

3. 成果应用的工作路径

针对城市体检发现的问题，鄂州市以结果为导向，形成"政策机制清单"和"部门行动清单"两张治疗清单，按照"一题一策、靶向治疗"的原则，强化结果应用。

市级层面主要聚焦发展方式和城市转型维度，依据体检指标的评价结果，提出总体目标和建议，按照城市问题分类归纳，形成行动计划和项目库，主要包括绿色低碳发展、区域交通互联、科技研发投入等方面。

市辖区层面主要针对公共服务供给和品质提升维度，提出细化落实方案，主要包括城市园林绿化建设、公共服务设施覆盖、基础设施建设和智能治理方面。

鄂州市本次体检围绕"生态宜居、健康舒适、安全韧性、交通便捷、风貌特色、整洁有序、多元包容、创新活力"8 项体检目标，发现城市问题 32 项，梳理政策清单 5 项，提出治理任务 45 项，建立了"双层级、双清单"的成果应用机制（图 7-16）。

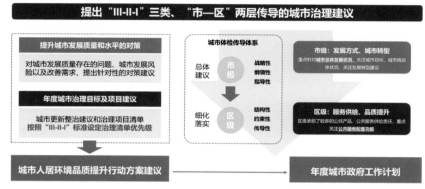

图 7-16 鄂州市城市体检成果应用机制示意图
（图片来源：自绘）

三、房县城市体检与更新规划

（一）项目背景

随着我国城市化进程的推进，城市各类问题逐步显现。而城市更新作为城市发展中的必经阶段，在优化城市结构、完善城市功能和提升品质方面具有十分重要的意义。特别在国土空间规划"三线"划定之后，有限的增量倒逼各城市发展盘活存量、提高质量，城市更新工作将成为未来城市发展的热点和重点。

城市体检作为发现城市问题的初始步骤，可为城市更新乃至后续城市工作指明方向。城市更新在城市体检监测、评估、反馈的基础上，针对城市建设发展中的各类问题，围绕城市本身的发展目标，依托产业结构升级转型等方法，借助智慧城市等手段，推动城市健康可持续发展。因此，建立面向城市更新的科学、全面、有效的体检评估技术方法体系，建立健全城市体检评估的监测、协调、沟通和预警机制，有助于避免各类城市问题，助推城市更新与发展稳步进行，构建顺畅有序的城市环境。

自《湖北省城市更新工作指引（试行）》发布后，房县是湖北省第一个开展城市体检与城市更新规划的县城。《房县城市体检与城市更新规划》聚焦城市更新全流程中的城市体检与评估，为面向城市更新的城市体检工作提供了应用示范。

（二）体检范围

由于城市更新的对象是城市建成区，因此城市体检的范围也是城市建成区。以《2021 年城市建设统计年鉴》中的面积数据为准，以房县 2021 年国土变更调查为基础，与开发边界、控规范围、绿地系统规划等专项规划范围相协调，划出一条连续闭合的范围线作为建成区范围。由于北城工业园、循环经济产业园为近几年新建，离主城区较远，且规模较小，暂不纳入建成区范围。此次城市体检共划定房县建成区面积 17 平方千米，其中建设用地面积为 11.8 平方千米。

涉及建成区范围的行政单元包括北关社区、东关社区、老城社区等 11 个社区及 12 个村级行政区（图 7-17、图 7-18），涉及"七普"常住人口 13.21 万人。

（三）技术思路

房县的城市体检工作规划建立了"城市体检问题识别—城市更新总体方案—城市更新实施计划"的工作框架。以城市体检发现城市问题破题，将城市体检评估结果作为编制城市更新规划的重要依据，从源头上强化对

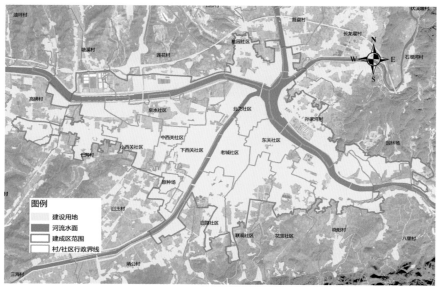

图 7-17 房县建成区范围图
（图片来源：自绘）

图 7-18 房县主城区格局图
（图片来源：自绘）

城市更新实践工作的方向引领，然后围绕城市更新目标，提出城市更新总体方案，最后通过项目库实施城市更新计划，总体构建起"以城市体检发现问题、以城市更新治理问题"的技术框架路径（图 7-19）。

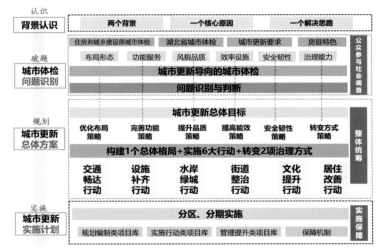

图 7-19　城市体检及城市更新技术框架图
（图片来源：自绘）

（四）主要成果

1. 面向城市更新的专项体检指标体系

住房和城乡建设部城市体检工作要求从生态宜居、风貌特色、健康舒适、整洁有序、安全韧性、多元包容、交通便捷、创新活力 8 个维度，查找城市建设和发展的短板与不足。而《湖北省城市更新工作指引（试行）》要求围绕优化布局、完善功能、提升品质、底线管控、提高效能、转变方式 6 个方面编制城市更新规划和年度实施计划。围绕城市更新工作要求，规划首先构建了面向更新的 6 个一级指标，然后结合城市更新行动内涵，分解为 16 个二级指标，最后根据房县的实际与特色，选取能够直观体现城市建成区环境绩效的 76 个三级指标。其中，保留了住房和城乡建设部提出的 38 项体检指标以及湖北省 2022 年城市体检提出的 8 项指标，选取了相关规划标准和规范的 10 项指标以及国家、省、市、县政策文件或相关规划目标要求的 17 项指标，另外增补了 3 项特色指标，即针对房县城区四面环山的盆地地形，增加了平均风速的特色指标，针对房县想要打造"两山驿站"的目标，增加了城市对外日均人流联系量、旅游接待床位数的特色指标（图 7-20）。

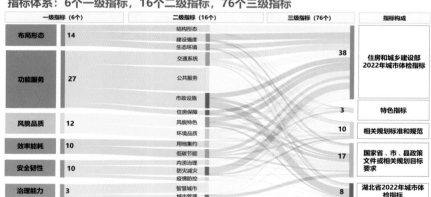

图 7-20 房县城市体检指标体系一览表
（图片来源：自绘）

2. 分析评价及结论

诊断评估是城市体检的关键环节，分析评价是否科学、准确，直接影响体检结果。通过综合评价和单项评价，发现城市问题聚焦的领域和严重程度，从而形成有效的结论建议。

（1）综合评价。

通过综合集成评价或层次分析法确定指标权重，对二级指标、一级指标进行综合评价。从三级指标评价到一级指标评价层层递进，完成城市体检指标体系多层级之间评价结果的有效衔接，形成对城市综合全面的体检评估。

　　经过集成评价，分析得出房县的综合健康指数为 75.7 分，城市发展总体情况良好。一级指标中治理能力、效率能耗、风貌品质评价值较低。二级指标各分项健康指数差距较大，其中智慧城市、住房保障、用地集约、环境品质、城市管理、交通系统得分较低，市政设施、特色风貌方面评价值处于中间水平（表 7-3、图 7-21）。

表 7-3　各级指标打分权重及分值表

一级指标	权重	一级分数	二级指标	权重	二级分数
布局形态	0.20	90	结构形态	0.20	98
			建设强度	0.40	82
			生态环境	0.40	95
功能服务	0.30	73	交通系统	0.30	68
			公共服务	0.30	84
			市政设施	0.25	78
			住房保障	0.15	57
风貌品质	0.20	68	风貌特色	0.35	70
			环境品质	0.65	67
效率能耗	0.08	62	用地集约	0.75	60
			低碳节能	0.25	69
安全韧性	0.15	88	内涝治理	0.25	85
			防灾减灾	0.50	83
			疫情防控	0.25	100
治理能力	0.07	57	城市管理	0.85	67
			智慧城市	0.15	0

　　（2）布局形态分析评价。

　　①结构形态：城区结构分散，岸线景观单调。

　　房县建成区已呈组团式发展，形成"两大两小两点"布局结构。主城

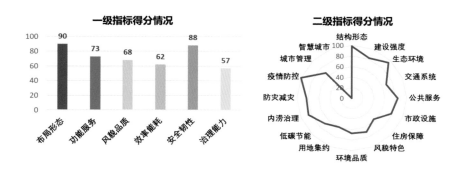

图 7-21 房县城市问题综合评估图
（图片来源：自绘）

区依河有序发展形成 4 个功能组团，布局舒展，工业园区外溢，目前已建设有循环经济产业园、北城工业园，规模较小且与主城区联系不紧密，整体结构较为分散。各组团间廊道宽度总体控制在 100 米以上，大河中北段廊道受到建筑挤压，廊道偏窄，需要进一步控制（图 7-22）。岸线以水泥垂直护坡为主，绿带宽度偏窄，景观单一，缺乏多样性生态人文景观。

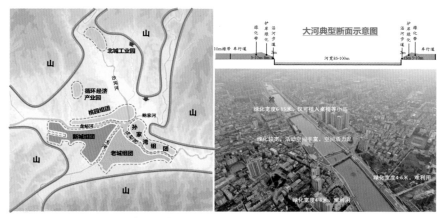

图 7-22 房县建成区空间结构及典型河道断面示意图
（图片来源：自绘）

②生态系统：生态本底优良，水质污染仍有风险。

房县 3 个地表水断面监测结果显示为 Ⅱ 类，符合管控要求，马栏河在汛期时存在不稳定达标现象，同时马栏河流域生态流量不足，城区 9 处橡皮坝进一步降低了河流的流速，大量淤泥在河底沉积，排入马栏河中的污染物容易在河底积累，对水体造成持续性的污染；沿河保留有合流式排污口，雨天有较大外溢风险。

房县的整体风热环境一般，局部通风受阻。房县全年盛行风向为东风及东南风，静风频率较低，平均风速低，不利于城市空气流通。静风日占比为 10.36%，但风力等级保持在轻软风状态，年平均风速为 1.40 米 / 秒（图 7-23），远低于利于空气流通的微风状态（最低为 3.4 米 / 秒）。城区整体通风潜力良好，以三、四、五级为主；中部建成区临近水体的部分由于建筑高度或者建筑密度高，存在气流的堵点；高等级分区集中于中部建成区和东部工业区，中部建成区处于中、高热压且通风性能一般的状态（图 7-24）。

③密度强度。

在人口密度上，老城过高与外围过低并存。在指标上，房县人口密度超过 1 万人 / 千米^2 的城市建设用地面积占比为 38%，而住房和城乡建设

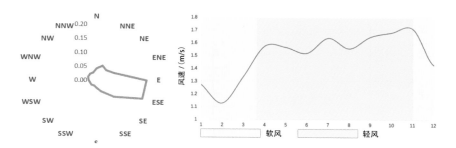

图 7-23　房县城区风向及月平均风速
（图片来源：自绘）

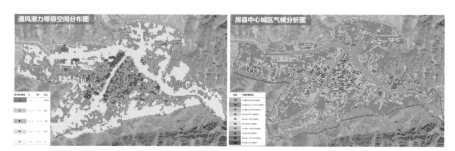

图 7-24　房县建成区通风潜力等级空间分布及气候分析图
（图片来源：自绘）

部的评价标准为不大于 25%；房县人口密度低于 0.6 万人 / 千米² 的城市
建设用地面积占比为 52%，而住房和城乡建设部的评价标准为小于等于
10%。具体到空间上，通过社区人口与社区建设用地面积比例测算，可以
看到人口密度过高的地区主要为大河两岸及老城区，其中老城社区、东关
社区人口密度超过了 2.6 万人 / 千米²，下西关社区达到了 1.55 万人 / 千米²，
而羊鼻岭组团、南宁路沿线、晓阳片区等外围地带人口密度不足 0.6 万人 /
千米²（图 7-25）。

　　在建筑密度上，老城过高与外围过低并存。通过 GIS 核密度分析，可
知县城整体存在建筑低层高密与低层低密并存现象，老城核心区平均建筑
密度达 50%，而老城与西关片区以外的城市区域建筑密度不足 30%。通
过对具体地块的分析，发现建筑密度超过 50% 的地块占比为 7.86%，居
住地块中建筑密度超过 30% 的地块占总居住地块面积的 70.62%，主要分
布在老城社区，如丁字街、顺城街及其他老旧小区、城中村（图 7-26）。

　　在开发强度上，房县的整体开发强度偏高，开发强度不均。在指标上，
建成区的建筑总面积与建设用地面积的比值为 0.96，而《住房和城乡建设
部等 15 部门关于加强县城绿色低碳建设的意见》中要求县城建成区的建
筑总面积与建设用地面积的比值应控制在 0.6 ~ 0.8，可以判断出城区开

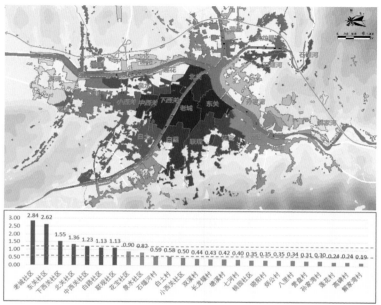

图 7-25　房县建成区社区人口密度分布图
（图片来源：自绘）

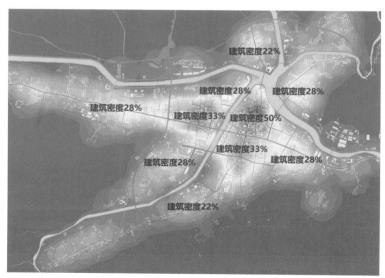

图 7-26　房县建成区建筑密度总体分析图
（图片来源：自绘）

发强度整体偏高。通过对具体地块的分析，发现局部小区强度过高，例如
滨湖国际花园容积率为 7.23、诗源华府小区为 4.4、锦绣名苑小区为 4.29，
而外围大部分居住地块的容积率低于 1.0，建成区整体开发强度不均（图
7-27）。

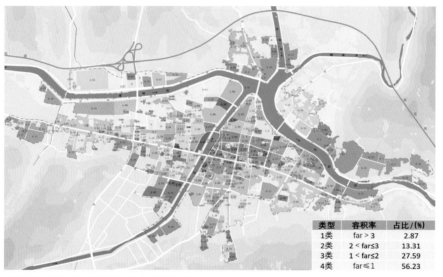

类型	容积率	占比/(%)
1类	far > 3	2.87
2类	2 < far≤3	13.31
3类	1 < far≤2	27.59
4类	far≤1	56.23

图 7-27 房县建成区地块开发强度分析
（图片来源：自绘）

在建筑高度上，总体高度符合要求，局部过高。建成区内建筑以多层
与低层为主，1 ~ 6 层建筑占 90%，7 ~ 18 层建筑占 9.66%，18 层以上
高层建筑占 0.34%。从指标上看，符合湖北省《关于加强全省县城高层建
筑规划建设管理工作的通知》要求的 6 层以下建筑不低于 70% 的标准。
但从空间分布上看，局部建筑高度过高，18 层以上建筑主要在大河以西，
老城区有零星分布，这提升了老城区的开发强度，也造成了天际线突兀的
情况（图 7-28）。

图 7-28　房县建成区建筑高度分布图
（图片来源：自绘）

（3）功能服务分析评价。

①交通系统。

在对外交通上，房县区域联系偏弱，对外交通方式单一。房县现状对外交通方式为公路交通，包括十房高速公路、谷竹高速公路、346 国道、209 国道和 9 条省道。房县与神农架、宜昌无高速连通，境内暂无铁路和机场。《十堰市房县"十四五"公共交通发展规划（2021—2025 年）》显示，房县目前公路总里程达 5147.6 千米，公路网密度仅为 100.6 千米每百平方千米，低于全市平均水平。境内二级以上公路比例不足 10%，道路总体技术等级偏低，综合交通运输服务能力低下。县域内的出口通道相对较少，与周边县、市、区的联系不够紧密。

与房县产生联系的区域主要在十堰市内，房县与其他大城市联系度较弱。根据手机信令数据显示，房县的对外日均人流联系量为 17818 人次，其中十堰市内占 71%。在十堰市域范围内，房县的对外日均人流联系量处于第三梯队，稍高于竹山、竹溪和郧西。在"竹房神保"区域，房县的对外日均人流联系量略微领先，高于周边的神农架和保康。神农架高铁开通后，房县需加强与神农架的联系。

在组团交通上，房县各组团间交通衔接不畅。工业园区与主城区道路衔接不畅，如北城工业园目前仅通过209国道连接城区，209国道周边居民过多，存在交通隐患，也不利于物流运输。循环经济产业园仅通过两条小路联系城区，与北城工业园之间缺乏道路衔接。新城与老城联系不畅，主城区被河流分割，新城与老城的桥梁连接存在错口路或者丁字路现象，使得两岸交通衔接不够通畅（图7-29）。

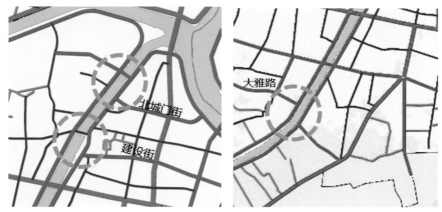

图7-29　新城与老城之间存在的丁字路、错口路
（图片来源：自绘）

在城市道路上，房县支路网密度不足，错口路、断头路较多。建成区路网沿河就势，整体呈现"四横五纵"的主要格局。道路网总密度为5.13千米/千米^2，与《住房和城乡建设部关于开展2022年城市体检工作的通知》（建科〔2022〕54号）中要求的道路网密度不小于7千米/千米^{2}存在较大差距。通过对建成区的主干路、次干路、支路网密度进一步分析发现，房县建成区的主干路和次干路网密度均符合国家相关标准，但支路网密度仅有1.92千米/千米^2，与国家标准要求的3～5千米/千米^{2}存在很大差距（表7-4）。此外，建成区内部还存在多处错口路、断头路，严重影响城市的通行效率（图7-30）。

表 7-4　房县建成区各等级道路网密度

类型	现状 /（千米 / 千米^2）	国标 /（千米 / 千米^2）	评价
主干路	1.41	1.3~1.7	正常
次干路	1.80	0.4~1.2	偏高
支路	1.92	3~5	偏低
合计	5.13	≥ 7	偏低

（表格来源：自制）

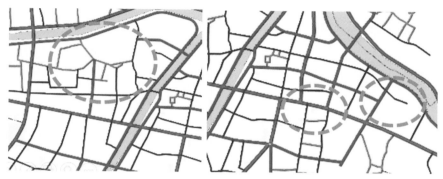

图 7-30　房县建成区内存在的断头路和错口路
（图片来源：自绘）

　　房县城市道路上机非混行、人行空间受限、自行车道不足现象十分普遍。房县建成区目前主要道路横断面大都采用机非混行或无隔离共板形式，局部断面过于狭窄，人行空间不足（表 7-5）。此外，建成区目前的自行车专用道仅有 4.08 千米，密度为 0.24 千米 / 千米^2，与《住房和城乡建设部关于开展 2022 年城市体检工作的通知》（建科〔2022〕54 号）要求的建成区自行车专用道密度（不小于 4 千米 / 千米^2）还存在较大差距。

　　在静态交通上，房县存在总量不够、分布不均、管理不严等问题。通过对建成区现状公共停车场调研发现，目前公共停车场总面积为 8.28 公顷，人均公共停车场面积为 0.63 平方米。从空间分布上来看，目前大量公共停车位布置在河西，河东人口密集的老城区停车位缺口较大（图 7-31）。

表 7-5 房县建成区主要道路横断面

序号	道路名称	道路等级	道路宽度 / 米	横断面类型	断面尺寸 / 米
1	房陵大道	主干路	40	一块板	8.5+23+8.5
2	南宁路	主干路	30	一块板	4.5+21+4.5
3	南宁路（房陵大道以南）	主干路	23	一块板	23
4	东城门路	主干路	25	一块板	5+15+5
5	神农路	主干路	35/16	一块板	8+17+8
6	346 国道	主干路 / 公路	20	一块板	20
7	莲花池路	主干路	21	一块板	两侧有绿带
8	西安路	次干路	30	一块板	7.5+15+7.5
9	诗经大道	次干路	35	一块板	12+15+8
10	唐城路（神农路以西）	次干路	32	一块板	4.5+2.5+18+2.5+4.5
11	唐城路（神农路以东）	次干路	25	一块板	5+15+5
12	沿河东路	次干路	30	一块板	8（绿道）+15+7（人行道）
13	滨河大道	次干路	30	一块板	7（绿道）+16+7（人行道）
14	武当路	次干路	35	一块板	5+5+5+15+5+5
15	凤凰路	次干路	20	一块板	5.5+9+5.5
16	黄香路	次干路	30	一块板	7.5+15+7.5
17	泉水北路	支路	20	一块板	5.5+9+5.5
18	建设街	支路	18	一块板	5+8+5
19	东街	支路	15	一块板	3.75+7.5+3.75
20	西街	支路	7	一块板	—
21	南街	支路	18.5	一块板	5+8.5+5

（表格来源：自制）

图 7-31　建成区公共停车场现状分布图
（图片来源：自绘）

此外，城区路边停车不规范，占道情况严重，成为干扰交通通行的重要因素，严重影响城市形象，这主要是停车位缺乏以及停车管理不严造成的。

在公共交通上，房县存在总量欠缺、管理不规范等问题。房县建成区现有传统公交 34 标台，新能源纯电动公交车 46 辆，万人公交拥有量为 6.06 标台。城区现有 6 条公交线路，公交站点 124 处（图 7-32），公交站点 500 米服务半径覆盖城区建设用地面积为 1114.13 公顷，占建成区总建设用地面积的 94.41%。

②公共服务。

房县的对外服务主要表现在旅游方面，有较大提升空间。房县 2021 年的游客接待量为 937.46 万人次，旅游综合收入为 71.26 亿元，人均旅游消费为 760.14 元，均排在十堰地区第五名，处于十堰市中等水平，与茅箭区、张湾区差距明显，仍有较大发展空间。房县 2021 年的酒店床位数为 8469 张，其"十四五"期间的目标是 15000 张，与目标差距较大。

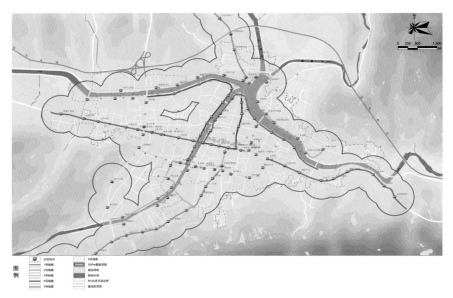

图 7-32　建成区公共交通线路及站点分布图
（图片来源：自绘）

因此存在每逢"五一""十一"长假，酒店爆满、一房难求的现象，严重制约了房县旅游产业的进一步发展。

　　在城市级公共服务上，房县体育、社会福利设施配套不足。房县目前两馆一场已建成，城区二级及以上医院也实现了全覆盖，城市级文化和医疗卫生设施基本能够满足居民的需求。建成区现有人均体育场地面积为0.65平方米，与《住房和城乡建设部关于开展2022年城市体检工作的通知》（建科〔2022〕54号）中要求的建成区人均体育场地面积（不小于2.6平方米）差距明显，缺乏公共体育馆及公共游泳馆等设施。房县目前仅有房县社会福利院和房县残疾人康复托养服务中心2处福利设施，占地面积为1.14公顷，人均用地面积为0.095平方米，与《城市公共服务设施规划标准》（2018版）中要求的人均社会福利设施占地面积（不小于0.3平方米）差距甚大。

在社区级公共服务上，房县的教育设施覆盖率不足，部分学校用地规模偏小，文化、体育、卫生设施配套不足。房县建成区现有中学、小学、幼儿园的覆盖率分别为 86.08%、66.24%、55.86%，均未实现全覆盖。幼儿园未覆盖到南宁路以西、北关社区河西区域（图 7-33）；小学未覆盖到北关社区和诗经小镇的大河两岸周边（图 7-34）；中学未覆盖到桃园社区、孙家湾村和诗经小镇周边。此外，部分学校（第四初级中学、石堰河初中、桃园小学、花宝小学、小西关小学、联观小学、高碑小学、孙家湾小学、八里小学）占地面积不足 1 公顷，不能满足实际教学需求。房县实验中学、第四初级中学、石堰河初中、实验小学、八一希望小学的人均用地面积偏小。

房县建成区目前仅有社区级文化站 3 处，覆盖率严重不足。人均社区体育场地面积为 0.96 平方米，满足了《城市社区体育设施建设用地指标》（2005 年）规定的人均室外用地面积 0.30 ~ 0.65 平方米的要求，但缺少社区综合性室内外体育场馆。建成区现有社区卫生服务设施覆盖率为 63.64%，未实现全覆盖。此外，根据《湖北省卫生健康事业发展"十四五"规划》，每个社区均应配建社区卫生服务设施，但目前仅有 3 个社区建有卫生服务中心，桃园社区、泉水社区、下西关社区和花宝社区等 8 个社区尚未配置社区卫生服务中心。

③市政设施。

在给排水方面，房县的供水管网漏损率较高，污水处理能力不足，雨污混排问题突出。房县 2021 年公共供水管网漏损率为 10%，尚未达到《住房和城乡建设部关于开展 2022 年城市体检工作的通知》（建科〔2022〕54 号）规定的城市公共供水管网漏损率应不大于 9% 的标准，供水管网质量有待提升。此外，房县 2021 年污水处理率约为 56.25%，与《湖北省生态环境保护"十四五"规划》要求的至 2025 年县城污水处理率应不

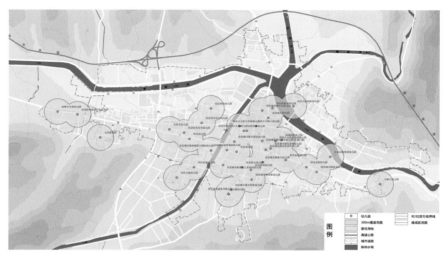

图 7-33 房县建成区幼儿园分布及覆盖范围
（图片来源：自绘）

图 7-34 房县建成区小学分布及覆盖范围
（图片来源：自绘）

小于 96% 的标准差距较大。现有城区排水以合流管线为主，其中合流管占 72.9%，污水管占 27.1%；现有排水管网混接情况严重，不仅导致污水厂运行效率偏低，且仍存在污水直排的情况；排水管网建设标准低，缺乏日常维护，管网渗透严重，排水效率低；合流排口在雨量较大时，会发生污水溢流入河等现象（图 7-35）。

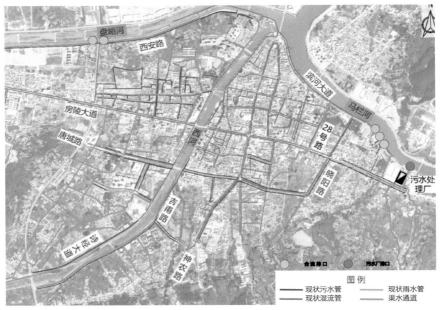

图 7-35 房县建成区排水情况图
（图片来源：自绘）

在电力方面，房县电力线损率高，线路杂乱。房县 2021 年 10 千伏及以下电网综合线损率为 7.97%，尚未达到《十堰市房县配电网规划报告（2018—2025 年）》中 10 千伏及以下电网综合线损率不大于 6.5% 的规划目标。110 千伏变电站布点不足，部分变电站存在单电源供电、单主变运行、主变容量偏小的问题，供电可靠性较差。城区内配电方式以 10 千伏开闭所为主，不能满足未来城市发展需求。此外，目前老城区电力网络存在线路杂乱、设施老化、电线净空不足、与建筑距离太近等问题，安全问题突出，需启动电缆入地工作。

在燃气方面，房县的管道燃气普及率低。城区燃气供应类型主要为液化石油气，以储气站向居民供应储气瓶为主。城区共有 4 座储气站向城区居民供应液化石油气，目前液化石油气用气户约有 4.5 万户。存在石油气瓶超期未检、旧品翻新、信息化标示损坏、信息化管理不到位等问题，存在较大的安全隐患。

在环卫方面，房县的公共厕所覆盖不足，垃圾收集管理粗放。建成区现有公共厕所 18 座，覆盖率为 65.14%，主要分布在老城范围和西关印象片区（图 7-36）。目前垃圾收集、转运和处理体系与设施只能基本满足传统垃圾处理要求，不能满足现在垃圾分类的要求。此外，目前垃圾收集设施包括垃圾桶、垃圾箱等，存在数量不足、质量较差、日常维护不足等问题。

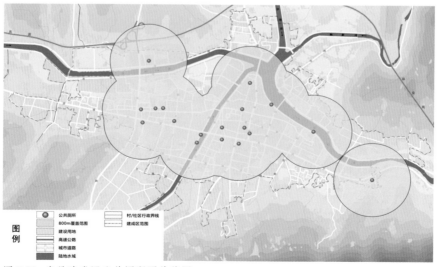

图 7-36 房县建成区公共厕所覆盖范围
（图片来源：自绘）

④住房保障。

房县低质量建筑占比大。建成区三类、四类建筑占比高达 63%，其中三类建筑占比最高，为 34%，其次为四类建筑，占比为 29%。一类建筑占比为 16%，二类建筑占比为 21%，集中分布于房陵大道、东城门路、神农路及周边城中村（图 7-37）。

图 7-37　房县建成区建筑质量分布图
（图片来源：自绘）

房县老旧小区改造任务艰巨。截至 2022 年 7 月，全县共改造老旧小区 114 个，总建筑面积为 69.6 万平方米，用地面积约 17.78 公顷，已累计投资 1.8 亿元，惠及居民 8355 户，老旧小区改造正稳步实施。但初步识别待改造老旧小区或单位用地面积为 109.22 公顷（图 7-38），待改造任务仍然艰巨。此外，碎片化改造效果不明显，目前完成立面改造的主要是一些单位大院，尚未形成以街区或街道为基本单元的改造模式，导致改造完成区域的沿街立面风格杂乱、不统一。

房县的保障性住房供应比例不足。2021 年房县建成区保障性住房供应

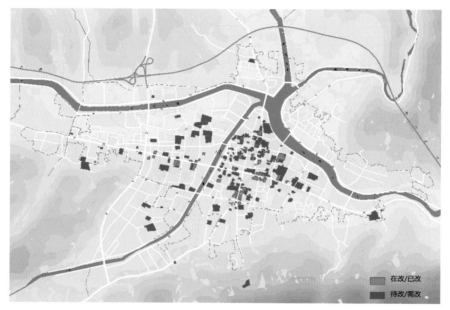

图 7-38 房县建成区老旧小区分布图
（图片来源：自绘）

量为 1654 套（图 7-39），实际入住人数为 3685，占建成区常住人口百分比约为 2.80%，供应比例需进一步提升。

（4）风貌品质分析评价。

①风貌特色。

房县城区的西关片区特色突出，其他文化彰显不足。房县是诗经故里、黄酒之乡，拥有野人之谜，同时也是湖北省 26 个革命老区之一，千年历史积累了丰厚的文化底蕴。西关片区特色突出，以明清建筑风格、建筑功能、文化符号、街道小品等充分展示诗经文化、黄酒文化、忠孝文化等，是城区文化资源核心区，但其他区域文化保护利用效率不高，文化特色未彰显。县城内有 10 处历史遗迹，7 处未利用，未发挥历史建筑的文化价值和经济价值（图 7-40）。西街、北街等老旧街区特色明显，但整体破败，

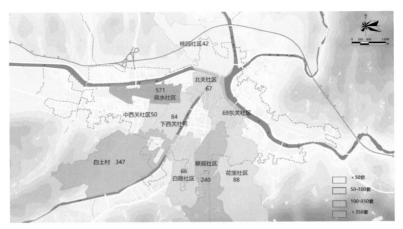

图 7-39 房县建成区保障性住房分布图
（图片来源：自绘）

序号	历史建筑名称	类别	级别	利用情况
1	七里河遗址	古遗址	国保	公园
2	羊鼻岭遗址	古遗址	省保	未利用
3	房县苏维埃政府旧址	近现代重要史迹及代表性建筑	省保	未利用
4	雷氏祠	古建筑	县保	未利用
5	朱氏祠	古建筑	省保	未利用
6	中共鄂西北分区临时特委旧址	近现代重要史迹及代表性建筑	县保	未利用
7	房县城址	古遗址	省保	未利用
8	房县文庙正殿	古建筑	县保	参观展览
9	天明小学	近现代重要史迹及代表性建筑	县保	学校
10	计家咀遗址	古遗址	省保	未利用

图 7-40 房县历史文物保护单位保护利用情况
（图片来源：自绘）

未得到修缮。明清时期建筑、四合院等历史特色建筑大多残破，未得到保护利用。建筑立面、街道家具等缺乏文化符号，未能体现房县悠久的历史文化。

房县的城市风貌整体相对和谐，局部建筑不够协调，主要表现为建筑风格及色彩不协调。在建筑风格方面，现代与古代建筑风格不协调，如关雎楼与周边现代住宅。在色彩方面，居住建筑与公共建筑色温饱和度对比过大，如纯水岸小区与房县疾病预防控制中心；冷暖色调搭配不协调，如御水苑小区（图 7-41）。

图 7-41　房县建成区建筑风貌冲突点示意图
（图片来源：自绘）

②环境品质。

房县的公园绿地总量偏少，滨水空间活力不足（图 7-42）。公园绿地覆盖率较高，但总量不足，综合公园面积偏小，滨湖公园绿化单一，建设品质不高，不能满足城区居民多样化的使用需求。滨水空间覆盖率高，但绿化空间窄、活力不足，滨水价值未得到有效释放。滨河绿带宽度仅为 5 ~ 10 米，生态景观效益不足。河流两岸 500 米范围内大多为居住、村庄及工业用地，缺乏商业用地、公共设施等，滨水空间缺乏活力。滨水设

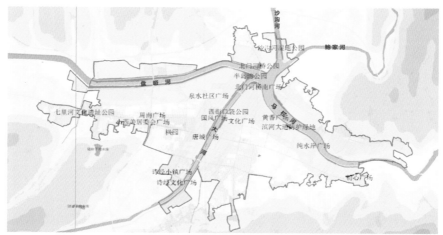

图 7-42　房县建成区滨水空间示意图
（图片来源：自绘）

施以护栏为主，无亲水平台和亲水空间，亲水性较弱。现有休息座椅等整体较为老旧，不能满足居民的使用需求。滨水空间与道路存在较大高差，且滨水道路上均停满车辆，阻碍了人与水体的接触。

房县老城区的街道空间整体杂乱。老城区街道绿化不足，树种较为矮小，部分为针叶树种，不利于日后林荫路的形成。店面招牌尺寸、材质、风格各异，影响街道整体形象；电线电缆均为架空式，空中景观杂乱；缺乏街道家具，且设置不合理，影响行人、无障碍通行及景观风貌（图 7-43）。

（5）效率能耗分析评价。

①用地集约。

房县单位 GDP 地耗偏高，距离目标值有较大提升空间。房县单位 GDP 地耗逐年降低，2021 年单位 GDP 地耗为 916.65 亩 / 亿元，仍高于同期湖北省平均水平 783.00 亩 / 亿元，且与《省人民政府关于推进自然资源节约集约高效利用的实施意见》（鄂政发〔2020〕23 号）要求的 2025 年 600 亩 / 亿元的目标值有较大差距。

图 7-43 房县老城区局部街道空间示意图
（图片来源：自绘）

房县的用地投入产出效益较好，但距离目标值仍有差距。房县单位建设用地固定资产投资额整体呈上升趋势，2021 年为 181.38 万元／公顷，基于"三调"成果和统计年鉴数据，同期湖北省平均建设用地固定资产投资额为 211.65 万元／公顷，全国平均水平为 121.09 万元／公顷，房县整体投入产出效益较好。

房县城区集体土地占比较高，土地使用的集约性有待提升。2021—2022 年，房县批而未供土地实际消化处置率排名全市第一，但仍存在大量存量土地有待建设的情况，土地利用效率仍有提升空间。且建成区内集体土地占比较高，亟须进一步提升土地使用的集约性和有序性。

②低碳节能。

房县的建筑节能执行情况良好，垃圾资源化利用率有待提升。新建建筑中绿色建筑比例、单位 GDP 二氧化碳排放强度下降比例均高于住房和城乡建设部的评价标准，且 2021 年房县城区既有建筑节能绿色化改造项目的居住建筑面积上升了 71.43%，建筑节能执行情况较好。但 2021 年房县城市生活垃圾资源化利用率约为 22.76%，而住房和城乡建设部的评价标准为不小于 55%，垃圾资源化利用率有待提升。

房县的万元 GDP 水耗较高，城市节水能力有待提升。依据《2021 年十堰市水资源公报》，2021 年，房县万元 GDP 用水量为 79 立方米，位于十堰市各市县的中位，其万元 GDP 用水量下降比例为 9.20%，基于十堰市"十四五"水安全保障规划要求，"十四五"期间万元 GDP 用水量应下降 15%，房县与目标要求差距较大，需进一步有效控制万元 GDP 水耗。

（6）安全韧性分析评价。

①内涝治理。

房县的城市可渗透地面占比偏低，管网老化导致内涝问题难以根治，防洪标准待提升。房县的内涝点虽得到有效整治，但内涝风险仍存在。其一，房县城区可渗透地面占比为 36.93%，不足 40%，可渗透地面主要为水域及农林用地，建设集中区域内可渗透地面较少，海绵功能不足，容易导致内涝。其二，房县城区管网老化、堵塞、标准偏低，导致城区内涝点难以根除（图 7-44）。城区 9 处橡皮坝已过使用期限，需更新改造，提升调蓄能力。

②防灾减灾。

房县消防设施覆盖率不足，防灾避险绿地不达标。城区有 3 个消防站，消防站覆盖率为 61.34%，年提高率为 0，北关社区、桃园社区、孙家湾等城北社区消防应急能力亟待提升（图 7-45）。城区防灾避险绿地，包括北门桥公园、半岛湾公园、七河公园、诗经文化广场，未达到《城市绿地防灾避险设计导则》设施要求。

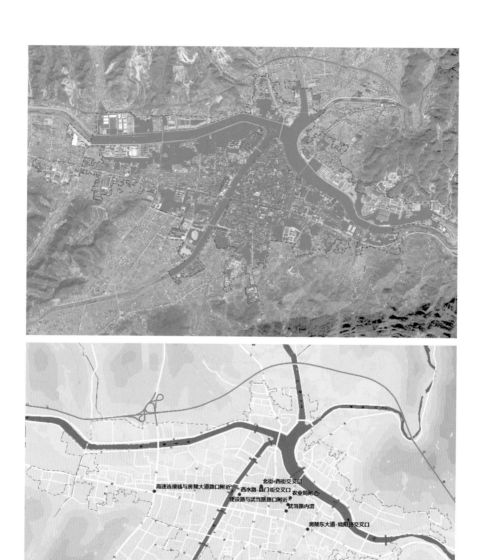

图 7-44 房县可渗透地面及近年城区消除内涝点分布图
（图片来源：自绘）

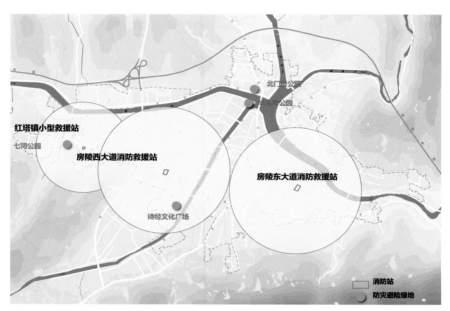

图 7-45　房县消防站布局及覆盖率示意图
（图片来源：自绘）

（7）治理能力分析评价。

①城市管理。

房县的城市管理卓有成效，但垃圾分类政策还需进一步推广。近年来，房县陆续整治中心城区马路市场问题，启用房县老十字街便民疏导市场吸纳流动商贩。规范人行通道非机动车和机动车停放秩序，引导非机动车让出盲道，保障行人出行安全。2021 年，房县垃圾分类试点小区共有 8个，结合政府统计数据、房地产数据、开源地图数据等，房县建成区内共有居住小区约 73 个，实施垃圾分类的小区个数占小区总数量的比例约为10.10%，而湖北省的城市体检工作要求不小于 80%，房县垃圾分级、分类工作还需进一步推广。

②智慧城市。

房县的数字政府正在统筹推进，智慧城市正逐步展开。2019 年 1 月，房县政务服务和大数据管理局挂牌成立，主要负责统筹政务信息化建设，打破信息孤岛，加快数据共享，广泛开展数据应用，推动大数据产业发展，统筹推进"数字政府"建设，房县城市运营指挥中心（城市大脑）建设正在有序推进。房县已开展了全县智慧城市建设可行性研究，2021年数字化城市管理覆盖率不高，但房县智慧城市建设管理已纳入全市数字政府建设的统一布局中，智慧城市建设正逐步展开。

（8）体检评估结论。

①布局形态。

生态基底优越，存在局部不良之处，老城区建设密度及强度过高。房县城区呈组团式布局，组团廊道局部宽度不够，岸线多为硬质铺砌，景观性较差，水质污染仍存在风险。房县静风频率较低，但平均风速低，不利于城市空气流通，整体风热环境一般，局部建筑存在气流堵点，通风受阻。老城区有大量私房、城中村，人口密度和建筑密度过高，外围人口集聚不足。城区整体开发强度偏高，局部小区建设强度过高。建成区内建筑以多层与低层为主，18层以上建筑主要分布在大河以西，老城区高层建筑见缝插针布局，景观上非常突兀，新建建筑高度上缺乏变化，通透性不足。

②功能服务。

基础设施的公共服务设施配套不足，住房条件改善任务艰巨。房县对外交通方式为公路，公路网密度不足，出口通道较少，对外交通联系偏弱，区域联系主要在十堰市内，在"竹房神保"区域，相比较而言，对外人流量略微领先。工业园区与主城区、新城区及老城区联系不畅，主次路网骨架基本形成，支路网密度严重不足，错口路、断头路较多。机非混行情况严重，局部断面过窄，人行空间受限，自行车专用道不足。公共停车场总量不足、分布不均、管理不严。城市对外服务主要为旅游服务，旅游接待设施不足，与目标差距较大。城市级公共服务设施如体育、社会福利设施等配套不足，在社区级公共服务设施方面，教育设施覆盖率不足，部分学校用地规模偏小，文化、体育、卫生设施配套不足。供水管网漏损率较高，污水处理能力不足，雨污混排问题突出。电力线损率高，老城区空中电力线路杂乱，安全隐患突出。管道燃气普及率低，公共厕所覆盖不足，垃圾收集管理粗放。低质量建筑占比大，老旧小区改造任务艰巨，保障性住房供应比例不足。

③风貌品质。

文化风貌特色局部不彰，绿地空间不足，街道杂乱。城市历史文化底蕴深厚，西关片区特色突出，是房县城市的文化核心，但其他区域文化保护利用效率不高，文化特色未彰显。整体建筑风格、色彩较为和谐，西关片区特色风貌突出，以明清建筑风格为主，其他区域以现代建筑风格为主。建筑立面破旧是当前建筑风貌存在的核心问题，局部建筑风貌存在色彩、风格与周边建筑不协调的问题。公园绿地总量不足、分布不均、建设品质较低。滨水空间覆盖率高，但滨水绿化空间窄、活力不足，滨水价值未得到有效利用。道路绿化不足、分布不均、品质较低，不同区域街道景观差距较大，老城区街道空间整体杂乱。

④效率能耗。

土地利用效率有待提升，资源利用能耗有待降低。房县单位地耗偏高，与目标值有较大差距。用地投入产出效益较好，与目标值仍有差距，土地利用率有待提升。集体土地占比较高，城市更新难度大。建筑节能执行情况良好，垃圾资源化利用率有待提升。

⑤安全韧性。

城市内涝问题根治困难，防灾避险设施建设滞后。城市可渗透地面面积占比偏低，管网老化，导致内涝难以根治，防洪标准待提升。消防设施覆盖率不足，防灾避险绿地严重不达标，方舱医院、专业隔离房间设施建设有待加快。

⑥治理能力。

城市管理需要更加精细，智慧城市建设有待开展。垃圾分类政策在房县需要进一步推广，物业管理覆盖比例、窨井盖完好率、门前责任区制定履约率均需进一步提高，智慧停车系统、智能停车管理正在积极推广，智慧管网检测、数字化城市管理等亟待进一步推进。

3. 成果应用

以建设"两山驿站、诗酒美城"为总体目标，根据体检评估出的问题，规划围绕 6 个更新维度，分别提出了 6 个方面的更新策略，并细分为"构建 1 个总体格局 + 实施 6 项更新行动 + 转变 2 项治理方式"的总体更新方案（图 7-46）。

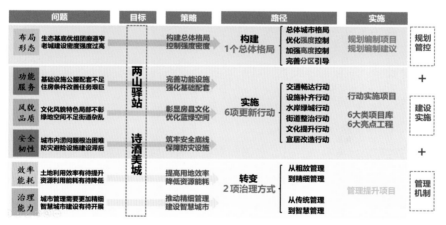

图 7-46　成果应用示意图
（图片来源：自绘）

围绕布局形态的问题，与国土空间总体规划、控制性详细规划紧密衔接，充分发挥法定规划对城市更新行动的引领、管控、支撑作用，明确总体城市格局，优化强度、高度控制，完善分区指引，为城市更新的系统有序开展提供完整的顶层设计，才能落图实施城市更新各类项目。

　　围绕功能服务、风貌品质、安全韧性 3 个方面的问题，提出 6 项更新行动，包括交通畅达行动、设施补齐行动、水岸绿城行动、街道整治行动、文化提升行动、宜居改造行动，分空间领域提出系统的更新行动方案，从而提出具体的项目行动计划（图 7-47）。

　　围绕效率能耗和治理能力 2 个方面的问题，需要转变 2 项治理方式，从粗放管理到精细管理转变，从传统管理到智慧管理转变，完善保障机制，才能保证城市发展的良性循环。

　　根据上述 3 大更新方案，分别提出规划编制类、行动实施类、管理提升类 3 大类型项目，其中行动实施类又分为 6 小类项目库。同时在项目时序的安排上突出"分期开展、突出亮点"，优先从近期最容易启动、空间爆点最集中、价值优势最明显之处发力，提出 6 大亮点工程。

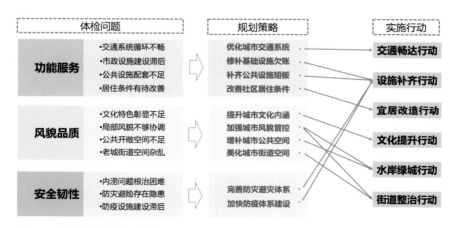

图 7-47　成果传导机制示意图
（图片来源：自绘）

（五）项目特色及创新

1. 构建了面向城市更新的城市体检指标体系

城市更新工作要求围绕优化布局、完善功能、提升品质、底线管控、提高效能、转变方式 6 个方面编制城市更新规划和年度实施计划，因此城市体检也必须围绕 6 个方面展开，与住房和城乡建设部的城市体检存在较大差别。本次体检对指标体系进行了重构，为其他城市更新的体检提供了参考。

围绕城市更新工作要求，规划构建了"6+16+76"的三级指标体系。一级指标主要围绕更新工作的 6 个方面构建，包括布局形态、功能服务、风貌品质、效率能耗、安全韧性、治理能力；二级指标结合城市更新行动内涵，对一级指标进行分解深化，其中布局形态的二级指标为结构形态、建设强度、生态环境，功能服务的二级指标为交通系统、公共服务、市政设施、住房保障，风貌品质的二级指标为风貌特色、环境品质，效率能耗的二级指标为用地集约、低碳节能，安全韧性的二级指标为内涝治理、防灾减灾、疫情防控，治理能力的二级指标为智慧城市、城市管理。最后根据房县的实际与特色，选取能够直观体现城市建成区环境绩效的 76 个三级指标。

2. 提出了从单一维度到"指标—空间—公众"三位一体的问题诊断评估方法

城市体检向城市更新等环节进行传导时，基于指标评价得出的结论与实际项目统筹安排所需的具体空间问题分析容易脱节，因此房县的体检评估采取"指标—空间—公众"三个层面协同分析，"多管齐下"，精确诊断"城市病"。一是明确指标评价方法，从"目标匹配、横向比较、对标对表、历史比较"四个维度研判单项体检指标发展水平。二是聚焦关键问题区域，通过核密度分析、路径分析、空间架构分析等方法，将指标分析聚焦至空间。三是与社会评价进行融合，充分利用城市体检的社会满意度调查开展侧面诊断，根据同一问题的公众评价意见，评估该问题在指标评价和空间分析方面的可靠性，打破指标体系的固有维度。

附录 A　都市圈城市体检指标体系表

一级指标	二级指标	序号	指标项	体检内容	指标类型	评价类型
人口集聚	规模等级	1	都市圈常住总人口规模	全域范围内常住总人口数量	基础指标	底线指标
		2	都市圈户籍—常住人口规模	全域范围内户籍人口与常住总人口的差值数量	基础指标	常规指标
		3	都市圈人口密度	都市圈内常住人口数量占全域土地面积的比值	基础指标	导向指标
		4	都市圈平均城镇化率	全域范围内平均常住城镇化率	基础指标	常规指标
		5	都市圈内城市城镇化率比	全域范围内城镇化率最高城市与最低城市的比重	推荐指标	导向指标
	联系强度	6	都市圈内城市人口首位度	都市圈核心发展城市的常住人口数量占都市圈总常住人口数量的比重	推荐指标	常规指标
		7	都市圈与都市圈人口迁徙指数	运用大数据，全域范围内人口流入与流出总量与本都市圈范围内人口流入与流出总量的比重	基础指标	导向指标
		8	都市圈内主要城市人口迁徙指数	运用大数据，主要城市范围内人口流入与流出总量与其他主要城市人口流入与流出总量的比重	推荐指标	导向指标
		9	都市圈内所有城市人口迁徙指数	运用大数据，所有城市范围内人口流入与流出总量与其他剩余城市人口流入与流出总量的比重	推荐指标	导向指标

（续表）

一级指标	二级指标	序号	指标项	体检内容	指标类型	评价类型
人口集聚	区域特色	10	都市圈内平均年龄	平均年龄 ={[（各年龄组的下限值 × 各年龄组的人数）之和] ÷ 总人口数 }+（组距 ）/2；平均年龄 =（各年龄组的下限值 × 各年龄组人数的比重 ）之和 +（组距 ）/2	基础指标	底线指标
		11	都市圈内总体性别结构	全域范围内男性人口数量与女性人口数量的比值	基础指标	常规指标
		12	都市圈内总体民族结构	全域范围内少数民族数量占常住总人口的比重	推荐指标	常规指标
		13	都市圈内城乡居民人均可支配收入之比	全域范围内城镇居民人均可支配收入与农村居民收入的比值	推荐指标	导向指标
		14	都市圈内地区生产总值	全域范围内地区生产总值	基础指标	底线指标
产业发展	规模等级	15	都市圈总体三次产业结构	全域范围内三次产业及其内部的比例关系	基础指标	常规指标
		16	都市圈内核心城市三次产业结构	核心城市范围内三次产业及其内部的比例关系	基础指标	常规指标
		17	都市圈内企业数量年均增速	全域范围内企业数量年均增长速度	基础指标	导向指标
		18	都市圈内核心城市企业数量	核心城市拥有企业数量	推荐指标	导向指标
		19	都市圈内主要城市企业专利数量	主要城市企业拥有专利数量	推荐指标	导向指标

（续表）

一级指标	二级指标	序号	指标项	体检内容	指标类型	评价类型
产业发展	联系强度	20	都市圈研发经费支出比重	全域范围内全社会研究与试验发展经费占全部经费支出的比重	推荐指标	常规指标
		21	都市圈与都市圈投资联系指数	都市圈投资金额和投资笔数的投资联系强度与其他都市圈投资金额和投资笔数的投资联系强度的比值	基础指标	导向指标
		22	都市圈内主要城市投资联系指数	主要城市投资金额和投资笔数的投资联系强度与其他主要城市投资金额和投资笔数的投资联系强度的比值	推荐指标	导向指标
		23	都市圈内所有城市投资联系指数	所有城市投资金额和投资笔数的投资联系强度与其他城市投资金额和投资笔数的投资联系强度的比值	推荐指标	导向指标
		24	都市圈内核心城市分行业企业数量占比	核心城市各行业拥有企业数量占企业总数量的比重	基础指标	导向指标
	区域特色	25	都市圈内特色产业门类	全域范围内主导发展的特色产业门类	基础指标	导向指标
		26	都市圈内企业分布核密度	全域范围内拥有企业的空间分布上通过地理分析处理计算出的核密度	推荐指标	导向指标
交通建设	规模等级	27	都市圈总路网里程	全域范围内所有等级的道路里程数，包含高速公路、国道、省道、县道、乡道、农村公路六级	基础指标	导向指标

（续表）

一级指标	二级指标	序号	指标项	体检内容	指标类型	评价类型
	规模等级	28	都市圈平均路网密度	全域范围内已建成道路里程数占全域土地面积的比值	基础指标	导向指标
		29	都市圈城际交通轨道交通覆盖率	全域范围内已建成城际轨道交通覆盖范围占全域土地面积的比值	推荐指标	常规指标
		30	都市圈公路客运总量	全域范围内公路客运输总量	基础指标	导向指标
	联系强度	31	都市圈高等级铁路对开班次	全域范围内动车、高铁等高等级铁路对开班次的数量	推荐指标	导向指标
		32	都市圈港口货运总量	全域范围内经水运输出、输入港区并经过装卸作业的货物总量	推荐指标	导向指标
		33	都市圈机场吞吐总量	全域范围内航空等飞机进、出范围的旅客数量量	推荐指标	导向指标
交通建设	区域特色	34	都市圈铁路等时圈覆盖范围	全域范围内经由铁路在 1 小时、3 小时、5 小时内可到达的范围面积	基础指标	常规指标
		35	都市圈铁路 OD 联系指数	全域范围内各城市铁路站点起终点间的交通出行量	推荐指标	导向指标
		36	都市圈公路等时圈覆盖范围	全域范围内经由公路在 1 小时、3 小时、5 小时内可到达的范围面积	推荐指标	常规指标
		37	都市圈公路 OD 联系指数	全域范围内各城市高速公路出入口站点起终点间的交通出行量	推荐指标	导向指标
		38	都市圈内城市道路通达指数	全域范围内所有城市距离其他城市的通勤时间占平均通勤时间的比值	推荐指标	导向指标

（续表）

一级指标	二级指标	序号	指标项	体检内容	指标类型	评价类型
消费活力	规模等级	39	都市圈社会消费品零售总额	全域范围内全社会物商品的消费总值	基础指标	常规指标
	联系强度	40	都市圈重要商圈高消费人次	全域范围内重要商圈内进行大于10000元的单笔消费金额数量	推荐指标	导向指标
		41	都市圈核心城市异地购房交易笔数	核心城市全年在本城市范围外购买房产的交易笔数	推荐指标	导向指标
	区域特色	42	都市圈核心城市居民消费类型比重	核心城市居民各类型消费门类消费金额占消费总金额的比重	基础指标	导向指标
		43	都市圈节假日消费活力比重	全域范围内节假日时间段内消费金额占当月时间段内消费总金额的比重	推荐指标	导向指标
		44	都市圈搜索指数	全域范围内相关关键词在搜索引擎上的搜索频次	推荐指标	导向指标
土地利用	规模等级	45	都市圈核心城市建成区面积	核心城市实际已成片开发建设、市政公用设施和公共设施基本具备的城镇建设用地覆盖地区	基础指标	底线指标
		46	都市圈核心城市建成区近五年增长幅度	核心城市城镇建设用地面积近五年平均增长幅度	基础指标	常规指标
	联系强度	47	都市圈夜间灯光覆盖面积	运用大数据，全域范围内夜间灯光覆盖面积	推荐指标	导向指标
		48	都市圈灯光强度指数	运用大数据，全域范围内基于灯光数据通过地理分析处理计算出的灯光强度	推荐指标	导向指标

（续表）

一级指标	二级指标	序号	指标项	体检内容	指标类型	评价类型
土地利用	联系强度	49	都市圈灯光强度指数近五年增长幅度	运用大数据，全域范围内基于灯光数据通过地理分析计算出的灯光强度近五年的平均增长幅度	推荐指标	常规指标
	区域特色	50	都市圈城市建成区最小距离	全域范围内所有城市建成区中心距其他城市建成区中心的最小距离	基础指标	常规指标
	规模等级	51	都市圈生态地表覆盖面积	全域范围内除建设用地外其他各类绿地和水域总面积	基础指标	常规指标
		52	都市圈生态地表覆盖占比	全域范围内各类非建设用地的绿地与水域等生态地表全域总面积的百分比	基础指标	底线指标
		53	都市圈生态资源指数	全域范围内不同类型地物对于生态环境优化的贡献度	推荐指标	导向指标
生态本底	联系强度	54	都市圈空气质量指数	全域范围内空气质量优良天数通过地理处理分析后得到的质量指数	推荐指标	导向指标
	区域特色	55	都市圈主导生态地表类型	全域范围内各类非建设用地的绿地与水域等生态地表主导类型	基础指标	常规指标
		56	都市圈蓝绿空间占比	全域范围内各类绿地和水域总面积，占全域总面积的百分比	推荐指标	导向指标

附录B　地市（州）城市体检指标体系表

维度		序号	指标项	体检内容	指标类型	评价类型
住房	安全耐久	1	存在使用安全隐患住宅数量	依托第一次全国自然灾害综合风险普查房屋建筑和市政设施调查数据，对城市住宅安全状况进行初步筛查，查找安全隐患。重点是1980年（含）以前建成且未进行加固的城市住宅，以及1981—1990年建成的城市预制板砌体住宅	基础指标	底线指标
		2	存在燃气安全隐患的住宅数量	查找既有住宅中燃气用户使用橡胶软管等安全隐患问题	基础指标	底线指标
		3	存在楼道安全隐患的住宅数量	查找既有住宅中楼梯踏步、扶手、照明、安全护栏等设施损坏，通风井道堵塞、排风烟道倒灌异味，消防门损坏或无法关闭，消火栓无水、灭火器缺失，安全出口或疏散出口指示灯损坏，以及消防楼梯被占有、楼道与管道井堆放杂物等问题	基础指标	导向指标
		4	存在围护安全隐患的住宅数量	查找既有住宅中外墙保温材料、装饰材料、悬挂设施、门窗玻璃等破损、脱落等安全风险，以及屋顶、外墙、地下室渗漏积水等问题	基础指标	导向指标
		5	应用全生命周期管理体系的住宅数量	调查已应用房屋全生命周期管理体系的既有住宅数量，全生命周期管理体系指从房产规划、设计、建造、销售、物业管理、租赁、售后服务等各环节进行规范化管理	推荐指标	导向指标
	功能完备	6	住宅性能不达标的住宅数量	按照《住宅性能评定标准》，调查既有住宅中没有厨房、卫生间等基本功能空间的情况。具备条件的，查找既有住宅在采光、通风等性能方面的短板问题	基础指标	导向指标

（续表）

维度		序号	指标项	体检内容	指标类型	评价类型
住房	功能完备	7	存在管线、管道破损的住宅数量	查找既有住宅中给水、排水、供电、供热、通信等管线、管道设施设备老化破损，跑冒滴漏、供给不足，管道堵塞等问题	基础指标	导向指标
		8	入户水质水压不达标的住宅数量	查找既有住宅中入户水质不满足《生活饮用水卫生标准》要求、居民用水压不足的问题	基础指标	导向指标
		9	需要进行适老化改造的住宅数量	查找建成时未安装电梯的多层住宅中具备加装电梯条件但尚未加装改造的问题。具备条件的，可按照《无障碍设计规范》，既有住宅适老化改造相关标准要求，查找住宅出入口、门厅等公用区域以及住宅户内适老设施建设短板	基础指标	导向指标
		10	5G网络覆盖的住宅数量	按照《湖北省数字经济发展"十四五"规划》和《湖北省数字经济高质量发展若干政策措施》（鄂政办发〔2023〕14号）的要求，调查已安装5G通信基础设施或5G网络覆盖地下空间外的既有住宅数量，查找在新型基础设施建设方面存在的问题。2025年各市州主城区5G网络覆盖率达到100%	推荐指标	常规指标
	绿色智能	11	需要进行节能改造的住宅数量	按照《城乡建设领域碳达峰实施方案》的要求，查找既有住宅中具备节能改造价值但尚未进行节能改造的问题	基础指标	导向指标
		12	需要进行数字化改造的住宅数量	按照住房和城乡建设部等部门印发的《关于加快发展数字家庭提高居住品质的指导意见》的要求，查找既有住宅中网络基础设施、安防监测设备、高层住宅烟雾报警器等智能产品设置存在的问题。针对有需要的老年人、残疾人家庭，查找有健康管理、紧急呼叫等智能产品设置方面存在的问题	基础指标	导向指标

（续表）

维度	序号	指标项	体检内容	指标类型	评价类型
	13	保持地域特色风貌的住宅数量	按照《湖北省城乡人居环境建设"十四五"规划》的要求，调查延续历史文化记忆、建筑风貌体现地域文化特色的既有住宅数量，查找历史文化遗存保护、建筑风貌塑造方面存在的问题	推荐指标	导向指标
绿色智能	14	认定为绿色建筑的住宅数量	按照《关于印发绿色建筑创建行动方案的通知》（建标〔2020〕65号）的要求，调查不低于当地绿色建筑一星级目标的新建住宅数量，规划的星级建设要求的新建住宅数量，查找各地新建住宅中规定的绿色建筑标准等级的情况，并分析其中存在的问题	推荐指标	导向指标
	15	智能智慧应用管理的住宅数量*	调查具备家庭智能化基础设施数量，家庭智能化基础设施包含智能组网、智能照明、智能安防等设施和功能，支持通过智能音箱进行语音控制，可通过APP接入智慧社区等平台	推荐指标	导向指标
小区（社区）					
设施完善	16	未达标配建的养老服务设施数量	按照《社区老年人日间照料中心建设标准（试行）》等标准，查找社区养老服务设施缺失，以及生活照料、康复护理、助餐助行、上门照护、文化娱乐等养老服务不健全的问题	基础指标	常规指标
	17	未达标配建的婴幼儿照护服务设施数量	按照《托育机构设置标准（试行）》等标准，查找婴幼儿照护服务设施缺失，以及对婴幼儿早期发展指导等照护服务不到位的问题	基础指标	常规指标

注："*"为地市（州）和县（区）级调整指标。

（续表）

维度		序号	指标项	体检内容	指标类型	评价类型
小区（社区）	设施完善	18	未达标配建的幼儿园数量	按照《幼儿园建设标准》《完整居住社区建设标准（试行）》等标准，查找幼儿园配建缺失、以及普惠性学前教育服务不到位的问题	基础指标	常规指标
		19	小学学位缺口数	以小学500米服务半径覆盖范围为原则，查找小学学位供给与适龄儿童就近入学需求方面的差距和不足	基础指标	常规指标
		20	停车泊位缺口数	按照《城市停车规划规范》《完整居住社区建设标准（试行）》等标准，查找现有停车泊位与小区居民停车需求的差距、以及停车占用消防通道等方面的问题	基础指标	常规指标
		21	新能源汽车充电桩缺口数	按照《电动汽车分散充电设施工程技术标准》《完整居住社区建设标准（试行）》等标准，查找现有充电桩供给能力与小区居民新能源汽车充电需求的差距、以及充电桩在安装、使用、运维过程中存在的问题	基础指标	常规指标
		22	完整社区覆盖率	按照《湖北省城乡人居环境建设"十四五"规划》《关于开展完整社区建设试点工作的通知》（建办科〔2022〕48号）的要求，调查市辖区内完整居住社区数量占社区总数的百分比，查找在完整社区建设试点创建中存在的问题。2025年地级以上城市完整社区覆盖率达到60%，其他城市达到50%	推荐指标	常规指标
		23	未达标配建的社区便民服务设施数量	按照商务部办公厅等11部门印发《城市一刻钟便民生活圈建设指南》的要求，查找社区便利店、便利店、快递点等服务设施配伴缺失以及居民生活便利利服务不到位的问题	推荐指标	常规指标

190 城市体检理论方法与实践

（续表）

维度	序号	指标项	体检内容	指标类型	评价类型
小区（社区）设施完善	24	未达标配建的社区卫生服务设施数量	按照《湖北省卫生健康事业发展"十四五"规划》的要求，查找社区卫生服务中心配建缺失，以及基层医疗卫生服务体系建设不足的问题。社区卫生设施标准为每3万～10万居民应设置1所社区卫生服务中心	推荐指标	常规指标
	25	老旧小区改造达标率	按照湖北省《关于加快推进城镇老旧小区改造工作的实施意见》（鄂政办〔2021〕19号）的要求，占已改造老旧小区总数的百分比。达标的老旧小区是指由建设单位组织工验收，并符合当地老旧小区改造工程质量验收标准的改造小区	推荐指标	常规指标
	26	拥有立体停车设施的小区数量	调查市辖区建成区内设有立体停车设施（可联合设置）；或已建立停车泊车错时共享机制或停车共享信息平台，实现与周边停车资源共享；或预留新能源汽车充电桩位置，且采取相应的用电安全保障措施的小区数量	推荐指标	导向指标
	27	拥有全龄教育服务的小区数量	调查市辖区建成区内已配置不小于1000平方米的功能复合型社区幸福学堂，满足多龄段需求；或社区与兴趣培训机构建立合作，依托社区智慧服务平台建立制跨龄互动机制，组织艺术创作、公益帮扶等活动的小区数量	推荐指标	导向指标
	28	拥有书店等文化资源的小区数量*	调查市辖区建成区内已配建不小于200平方米的社区共享书房；合建社区共享书房，引进大型连锁书店，城市图书馆等资源；或依托社区智慧服务平台对接社区周边博物馆、美术馆等场资源，拓宽社区学习地图的小区数量	推荐指标	导向指标

（续表）

维度	序号	指标项	体检内容	指标类型	评价类型
小区（社区）环境宜居	29	未达标配建的公共活动场地数量	按照《城市居住区规划设计标准》《完整居住社区建设标准（试行）》等标准，查找社区公共活动场地、公共绿地面积不达标，配套的儿童娱乐、老年活动、体育健身等设施不充足或破损，不符合无障碍设计要求，以及存在私搭乱建等问题	基础指标	常规指标
	30	不达标的步行道长度	按照《建筑与市政工程无障碍通用规范》《完整居住社区建设标准（试行）》等标准，查找人行道路面破损、宽度不足、雨后积水、夜间照明不足，铺装不防滑，不能连贯住宅和各类服务设施，以及不符合无障碍设计要求等问题	基础指标	常规指标
	31	未实施生活垃圾分类的小区数量	按照住房和城乡建设部等部门《关于进一步推进生活垃圾分类工作的若干意见》的要求，查找没有实行垃圾分类制度、未建立分类投放、分类收集、分类运输、分类处理系统等方面的问题	基础指标	常规指标
	32	绿色社区覆盖率	按照《湖北省绿色社区创建行动实施方案》（鄂建文〔2021〕15号）的要求，调查市辖区建成区内参与绿色社区建设行动并创建达到的社区占社区总数的百分比，查找绿色社区创建中存在的问题。绿色社区覆盖率达到60%	推荐指标	常规指标
	33	挖潜用地增设公共空间的小区数量	调查市辖区建成区内在居民同意，条件允许，对周边不产生影响等前提下，通过低效空置用地挖潜等方式增设公共车设施或增设小游园、口袋公园等公共空间的小区数量	推荐指标	导向指标

（续表）

维度		序号	指标项	体检内容	指标类型	评价类型
小区（社区）	环境宜居	34	利用再生水资源的小区数量*	调查市辖区建成区内住区景观水体补水、绿化用水、洗车用水等采用再生水资源（中水和雨水），且应采取净化措施满足水质要求的小区数量	推荐指标	导向指标
		35	进行海绵化改造的小区数量	按照湖北省《海绵城市建设技术规程》设计施工要求，调查建设绿色屋顶、透水铺装等海绵设施，或应用海绵生态建筑材料等进行海绵化改造的小区数量，查找海绵城市在小区海绵化改造方面存在的问题	推荐指标	导向指标
		36	拥有创新创业空间的小区数量	调查市辖区建成区内已配建不小于300平方米的社区创新创业空间，提供弹性共享的办公空间，复合优质的生活服务空间等功能空间；或因地制宜建设创业解化服务又平台，提供全方位的创业指导和咨询服务的小区数量	推荐指标	导向指标
		37	邻里特色文化突出的小区数量	调查市辖区建成区内有明确的社区特色文化主题和社区文化标志；或配套拥有不小于600平方米的社区礼堂等同类型社区文化设施；或在社区整合提升、全拆重建和拆改结合时注重重历史记忆的活态保留传承的小区数量	推荐指标	导向指标
	管理健全	38	未实施好物业管理的小区数量	按照住房和城乡建设部等部门《关于加强和改进住宅物业管理工作的通知》的要求，查找没有实施专业化物业管理、党建引领党组织覆盖不到位、没有按照物业服务合同约定事项和标准提供服务等问题	基础指标	常规指标

（续表）

维度	序号	指标项	体检内容	指标类型	评价类型
小区（社区）管理健全	39	需要进行智慧化改造的小区数量	按照民政部、住房和城乡建设部等部门《关于深入推进智慧社区建设的意见》的要求，查找未安装智能信包箱、智能快递柜、智能安防设施及系统建设不完善等问题。有条件的，查找智慧社区综合信息平台建设、公共服务信息化建设等方面的差距和不足	基础指标	常规指标
	40	设立住区改造资金的小区数量	调查市辖区建成社区内已设立住区改造资金，且自筹集资金渠道多元（居民自筹、第三方社会资金引入等）的小区数量	推荐指标	导向指标
	41	拥有邻里互助社群社团组织的小区数量	调查市辖区建成社区内已有1个及以上邻里群社团社团组织，鼓励居民积极参与邻里活动；或制定社区邻里公约，促进居民互助资源共享的小区数量	推荐指标	导向指标
	42	未开展共同缔造活动的小区数量	按照湖北省《关于开展美好环境与幸福生活共同缔造活动试点工作的通知》的要求，调查未开展共同缔造活动的小区数量，查找在共同缔造城市居民社区试点创建中存在的党建引领基层治理、群众交流中存在的问题	推荐指标	导向指标
	43	二次供水设施不达标的小区数量	按照《城市供水水质管理规定》《二次供水设施卫生规范》《城市供水行业反恐怖防范工作标准》的要求，调查市辖区建成区内居民二次供水设施不符合水质安全及安全运行要求的小区个数，查找二次供水质管理、设施安全防范、运行维护中存在的问题	推荐指标	导向指标

维度		序号	指标项	体检内容	指标类型	评价类型
街区	功能完善	44	中学服务半径覆盖率	调查分析中学1千米服务半径覆盖的居住用地面积，占所在街道总居住用地面积的百分比，查找中学位供给与适龄青少年就近入学需求方面的差距和不足	基础指标	常规指标
		45	未达标配建的多功能运动场地数量	按照《城市社区多功能公共运动场配置要求》《城市居住区规划设计标准》的要求，查找多功能运动场地配建缺失、或场地面积不足、设施设备不完善、布局不均衡，以及没有向公众开放等问题	基础指标	常规指标
		46	未达标配建的文化活动中心数量	按照《城市居住区规划设计标准》的要求，查找文化活动中心配建缺失、或文化活动中心面积不足、青少年和老年活动设施、儿童之家服务功能不完善、布局不均衡，以及没有向公众开放等问题	基础指标	常规指标
		47	公园绿化活动场地服务半径覆盖率	按照"300米见绿，500米见园"以及公园绿地面积标准要求，调查分析公园绿化活动场地服务半径覆盖的居住用地面积，占所在街道居住用地总面积的百分比，查找公园绿化活动场地布局不均衡、面积不达标等问题	基础指标	常规指标
		48	菜市场（生鲜超市）覆盖率	按照商务部办公厅等11部门印发《城市一刻钟便民生活圈建设指南》的要求，调查市辖区建成区内菜市场（生鲜超市）服务半径覆盖的居住用地面积占建成区总居住用地面积的百分比，菜市场（生鲜超市）按800米服务半径，（步行10分钟）测算	推荐指标	常规指标

（续表）

维度		序号	指标项	体检内容	指标类型	评价类型
街区	整洁有序	49	存在乱拉空中线路问题的道路数量	按照《城市市容市貌干净整洁有序安全标准（试行）》的要求，查找街道上乱拉空中架设缆线、线杆，以及箱体损坏等问题	基础指标	常规指标
		50	存在乱停乱放车辆问题的道路数量	按照《城市市容市貌干净整洁有序安全标准（试行）》的要求，查找街道上机动车与非机动车无序停放，占用绿化带和人行道的问题	基础指标	常规指标
		51	管井盖缺失、移位、损坏的数量	按照住房和城乡建设部办公厅等《关于加强窨井盖安全管理的指导意见》的要求，查找管井盖缺失、移位、损坏等安全隐患问题	基础指标	常规指标
		52	存在道路照明问题的道路数量	按照《城市市容市貌干净整洁有序安全标准（试行）》的要求，调查道路照明设施数量，质量不达标的道路数量。道路路灯装灯率应达到100%，设施完好率不低于98%，沿街亮灯率不低于95%	推荐指标	常规指标
		53	存在道路机械化清扫问题的道路数量	按照《城市市容市貌干净整洁有序安全标准（试行）》的要求，调查机械化清扫不达标的道路数量。道路机械化清扫率不低于80%	推荐指标	常规指标

（续表）

维度	序号	指标项	体检内容	指标类型	评价类型
街区	54	设置统一店招的道路数量	调查市辖区建成区内未设置有进市容市貌的广告牌匾、楼顶广告、楼顶大字牌等；沿街广告牌匾按要求设置，实行一店一牌、同一路段相连的户外广告、式样、尺寸布置形式统一，同一建筑物的门头牌匾规格、质地、色彩统一协调、文字规范、灯光完整、无污浊、破损的道路数量	推荐指标	导向指标
	55	无违规占道的道路数量	按照《城市市容市貌干净整洁有存安全标准（试行）》的要求，调查无沿街乱设乱摆摊点行为，经批准设置的便民摊点占管理规范、无超范围经营和违章设置各类经营摊点，无占道废旧物品收购、占道修理、占道加工、占道储物、占道洗车等影响城市市容市貌数量；无占道露天烧和进行沿街占路售卖餐饮现象的道路数量	推荐指标	导向指标
	56	需要更新改造的老旧商业街区数量	查找老旧商业街区在购物、娱乐、旅游、文化等多功能多业态集聚、公共空间塑造、步行环境整治、特色化品牌化服务等方面问题的问题与短板	基础指标	导向指标
特色活力	57	需要进行更新改造的老旧厂区数量	查找老旧厂区在闲置资源盘活利用、新业态新功能植入、产业转型升级以及专业化运营管理等方面存在的问题和短板	基础指标	导向指标
	58	需要进行更新改造的老旧街区数量	查找老旧街区在既有建筑保留利用、城市各厅等服务设施配置、基础设施更新改造以及功能转换、活力提升等方面存在的问题和短板	基础指标	导向指标
整洁有序					

（续表）

维度		序号	指标项	体检内容	指标类型	评价类型
街区	特色活力	59	特色活力指数	特色活力指数由昼间活力占比、街道业态多样性指数组成。昼间活力占比是运用手机信令大数据、位置服务大数据等，调查每年4个时间点（6月任一工作日和周末，12月任一工作日和周末），20点（晚8点）到1点的定位总人数占全天定位总人数的比值；街道业态多样性是基于兴趣点数据和实地调研数据，调查重点街区内典型特色街道的业态类别和占比，查找街区的活动分布和产业结构的差距和不足	推荐指标	导向指标
街区	特色活力	60	重点地区（片区）城市设计覆盖率	按照住房和城乡建设部、国家发展改革委《关于进一步加强城市与建筑风貌管理的通知》的要求，调查市辖区内已编制完成并审批通过的重点地区（片区）城市设计面积与城市建成区面积的百分比，查找在强化重点地区风貌塑造、城市设计方面存在的问题	推荐指标	导向指标
城区（城市）	生态宜居	61	城市生活污水集中收集率	按照到2025年城市生活污水集中收集率达到70%的目标，调查分析市辖区建成区内通过集中式和分布式污水处理设施收集的生活污染物数量占生活污染物排放总量的百分比，查找城镇污水收集处理设施建设、运营维护等方面的差距和问题	基础指标	常规指标
城区（城市）	生态宜居	62	城市水体返黑返臭事件数*	按照深入打好城市黑臭水体治理攻坚战的要求，调查当年市辖区建成区内城市水体反弹造成的返黑、返臭事件数量	基础指标	常规指标

（续表）

维度	序号	指标项	体检内容	指标类型	评价类型
城区（城市）生态宜居	63	绿道服务半径覆盖率	按照到2025年绿道服务半径覆盖率达到70%的目标，调查分析市辖区建成区内绿道两侧1千米服务半径覆盖的居住用地面积，占总居住用地面积的百分比，查找城市绿道长度、布局、贯通性、建设品质等方面的差距和问题	基础指标	常规指标
	64	人均体育场地面积	按照到2025年人均体育场地面积达到2.6平方米的目标，调查市辖区建成区内常住人口人均拥有的体育场地面积情况，查找城市体育场地、健身设施等方面的差距和问题	基础指标	常规指标
	65	人均公共文化设施面积	按照人均公共文化设施面积达到0.2平方米的目标，调查市辖区建成区内常住人口人均拥有的公共文化设施面积情况，查找城市公共文化设施、服务体系等方面的差距和问题	基础指标	常规指标
	66	未达标配建的妇幼保健机构数量	按照《中国妇女发展纲要（2021—2030年）》《中国儿童发展纲要（2021—2030年）》的要求，调查市辖区内没有配建妇幼保健机构或建设规模不达标的妇幼保健机构数量，查找城市妇幼保健机构建设规模不充足、服务体系不健全等方面的问题	基础指标	常规指标
	67	城市道路网密度	按照道路网密度达到8千米/千米² 的目标，调查分析市辖区建成区内城市道路道路长度（包括快速路、主干路、次干路及支路）与建成区面积的比值，查找城市综合交通体系建设方面存在的差距和问题	基础指标	常规指标

（续表）

维度	序号	指标项	体检内容	指标类型	评价类型
城区（城市）生态宜居	68	新建建筑中绿色建筑占比	按照到 2025 年新建建筑中绿色建筑占比达到 100% 的目标，分析当年市辖区内竣工绿色建筑面积占竣工建筑总面积的百分比，查找当年城市绿色建筑发展方面存在的差距和问题	基础指标	常规指标
	69	建成区人口密度*	调查市辖区建成区内单位用地面积上的常住人口数。省会和地级市（州）建成区人口密度达到 0.7 万 ~1.5 万人／千米^2	推荐指标	常规指标
	70	城市生活垃圾资源化利用率	调查城市生活垃圾资源化利用率，公式为［（可回收物回收量＋焚烧处理量×焚烧处理的资源化率折算系数＋厨余垃圾处理量×厨余垃圾处理的资源化率折算系数＋卫生填埋处理量×卫生填埋处理的资源化率折算系数）／（可回收物回收量＋生活垃圾清运量）］×100%。城市生活垃圾资源化利用率应不低于 55%	推荐指标	常规指标
	71	建筑垃圾资源化利用率	调查当年市辖区内建筑垃圾中工程垃圾、装修垃圾和拆除垃圾的资源化利用量，占这三类建筑垃圾产生总量的百分比。建筑垃圾资源化利用率应不低于 60%	推荐指标	常规指标
	72	城市园林绿化建设养护专项资金	调查当年城市园林绿化建设养护资金。查找城市园林绿化养护方面存在的问题	推荐指标	导向指标
	73	10 万人拥有综合公园个数	调查市辖区内城区人口每 10 万人拥有的综合公园个数。国家园林城市 10 万人拥有综合公园个数应不低于 1 个（城区人口包括户籍人口和暂住人口，不小于 50 万人口城市，综合公园面积应大于 10 公顷；小于 50 万人口城市，综合公园面积应大于 5 公顷）	推荐指标	常规指标

（续表）

维度		序号	指标项	体检内容	指标类型	评价类型
城区（城市）	生态宜居	74	城市林荫路覆盖率	调查市辖区建成区内城市次干路、支路的林荫路长度占城市次干路、支路总长度的百分比（林荫路指标绿化覆盖率达到90%以上的人行道、自行车道）。国家园林城市林荫路覆盖率应不低于70%	推荐指标	导向指标
		75	城市绿地率	调查市辖区建成区内各绿化用地总面积占市辖区建成区面积的百分比。国家园林城市绿地率应不低于40%且城市各城区最低值应高于25%	推荐指标	导向指标
		76	城市绿化覆盖率	调查市辖区建成区内绿化植物的垂直投影面积占建成区总用地面积的百分比。国家园林城市绿化覆盖率应不低于41%且乔灌木占比应不低于60%	推荐指标	导向指标
	历史文化保护利用	77	历史文化街区、历史建筑挂牌建档率	按照历史文化街区、历史建筑挂牌建档率达到100%的目标，调查分析市辖区内完成挂牌建档的历史文化街区、历史建筑总数量，占已认定并公布的历史文化街区、历史文化名城、名村（传统村落）、历史建筑和历史地段等各类保护对象测绘、建档、挂牌等方面存在的问题	基础指标	常规指标
		78	历史建筑空置率	调查市辖区内闲置半年以上的历史建筑数量占公布的历史建筑总数的百分比，查找城市历史建筑活化利用、以用促保等方面存在的问题	基础指标	常规指标

（续表）

维度	序号	指标项	体检内容	指标类型	评价类型
城区（城市） 历史 文化 保护 利用	79	历史文化资源遭受破坏的负面事件数	调查市辖区内文物建筑、历史建筑和各类具有保护价值的建筑以及古树名木等历史环境要素遭受破坏的负面事件数量，查找城乡建设中历史文化遗产遭破坏、拆除、大规模搬迁原居民等方面的问题	基础指标	底线指标
	80	遭自拆除历史文化街区内建筑物、构筑物的数量	调查市辖区历史文化街区核心保护范围内，未经有关部门批准，拆除历史建筑以外的建筑物、构筑物或者其他设施的数量，查找违规拆除或审批管理机制不健全等方面的问题	基础指标	常规指标
	81	当年各类保护对象增加数量	调查市辖区内已认定公布的历史文化街区、不可移动文物、历史建筑、历史地段、工业遗产等保护对象数量比上年度增加数量，查找历史文化资源调查评估机制不健全、未做到应保尽保的问题	基础指标	导向指标
	82	当年获得国际国内各类建筑奖、文化奖的项目数量	调查当年市辖区民用建筑（包括居住建筑和公共建筑）中获得国际国内各类建筑奖、文化奖的项目数量（含国内省级以上优秀建筑、工程设计奖项、国外知名建筑奖项及文化奖项）	推荐指标	导向指标
产城 融合、 职住 平衡	83	新市民、青年人保障性租赁住房覆盖率	按照到 2025 年新市民、青年人保障性租赁住房覆盖率达到 20% 的目标，调查分析市辖区内正在享受保障性租赁住房的新市民、青年人数量，占应当享受保障性租赁住房的新市民、青年人数量百分比，查找解决新市民、青年人住房方面问题	基础指标	导向指标

（续表）

维度		序号	指标项	体检内容	指标类型	评价类型
城区（城市）	产城融合、职住平衡	84	城市高峰期机动车平均速度	按照城市快速路、主干路早晚高峰平均车速分别不低于 30 千米每小时、20 千米每小时的标准要求，调查工作日早晚高峰时段城市主干路及以上等级道路上各类机动车的平均行驶速度，查找城市交通拥堵情况	基础指标	常规指标
		85	轨道站点周边覆盖通勤比例*	参照轨道站点 800 米服务半径范围覆盖的轨道交通通勤量，占城市总通勤量的百分比超大城市不小于 30%、特大城市不小于 20%、大城市不小于 10% 的目标，调查分析市辖区内轨道站点周边通勤量比例，查找城市轨道交通站点与周边地区土地综合开发、长距离通勤效能等方面存在的短板问题	基础指标	常规指标
		86	通勤距离小于 5 千米的人口比例	按照《中国人居环境奖评价指标体系》的要求，调查市辖区内常住人口中通勤距离小于 5 千米的人口数量，占全部通勤人口的百分比。省会城市不低于 50%；100 万人及以上规模城市不低于 55%；100 万人以下规模城市不低于 60%	推荐指标	导向指标
		87	绿色交通出行比例	按照《中国人居环境奖评价指标体系》的要求，调查市辖区建成区内采用轨道、公交、步行、骑行等方式的出行量，占城市总出行量的比例。绿色交通出行比例应不低于 70%	推荐指标	导向指标
		88	公交站点覆盖率	按照《城市综合交通体系规划标准》的要求，调查市辖区建成区公交站点服务面积占建设用地总面积的百分比。城市公交站点 300 米覆盖率不应小于 50%、500 米覆盖率不低于 90%（公交站点服务面积为以公交车站为中心，300 米步行距离为半径的圆形面积）	推荐指标	导向指标

（续表）

维度		序号	指标项	体检内容	指标类型	评价类型
城区（城市）	安全韧性	89	房屋市政工程生产安全事故数	调查市辖区内房屋市政工程生产安全较大及以上事故起数，查找城市房屋市政工程安全生产方面存在的问题	基础指标	底线指标
		90	消除严重易涝积水点数量	按照到 2025 年全面消除严重易涝积水点的目标要求，调查市辖区内消除历史上严重影响生产生活秩序的易涝积水点数量，查找城市排水防涝工程体系建设方面的差距和问题	基础指标	常规指标
		91	城市排水防涝应急抢险能力	按照《国务院办公厅关于加强城市内涝治理的实施意见》的要求，调查分析市辖区内配备的排水防涝抽水泵、移动泵车及相应配套的自主发电等排水防涝设施每小时抽排的水量，查找城市排水防涝隐患排查和整治、专用防汛设备和抢险物资配备、应急响应和处治等方面存在的问题	基础指标	常规指标
		92	应急供水保障率	按照住房和城乡建设部办公厅等《关于加强城市供水安全保障工作的通知》的要求，调查市辖区应急供水量占总供水能力的百分比，分析城市应急水源或备用水源建设运行，应急净水和救援能力建设、供水应急响应机制建立情况，查找城市在水源突发污染、旱涝急转等不同风险状况下应急供水能力方面存在的问题	基础指标	常规指标
		93	老旧燃气管网改造完成率	按照到 2025 年基本完成城市老旧燃气管网改造的目标要求，调查分析市辖区建成区内老旧燃气管网更新改造长度占老旧燃气管网总长度的百分比，查找城市老旧燃气管道和设施建设改造、运维养护等方面存在的差距和问题	基础指标	常规指标

（续表）

维度	序号	指标项	体检内容	指标类型	评价类型
城区（城市）安全韧性	94	城市地下管廊的道路占比	按照新区城市地下管廊的道路占比不小于30%，建成区不小于2%的要求，调查分析辖区建成区内地下管廊长度占道路长度的比例，查找城市地下管廊系统布局以及干线、支线管廊发展等方面存在的差距和问题	基础指标	常规指标
	95	城市消防站服务半径覆盖率	按照《城市消防站建设标准》的要求，调查分析辖区建成区内各类消防站服务半径覆盖的建设用地总面积占地面积的百分比，查找城市消防站建设规模不足、布局不均衡、人员配备及消防装备配置不完备等方面的问题	基础指标	常规指标
	96	安全距离不达标的加油加气加氢站数量	按照《汽车加油加气加氢站技术标准》的要求，查找安全距离不符合要求的汽车加油加气加氢站数量，以及布局不合理、安全监管不到位等方面的问题	基础指标	常规指标
	97	人均避难场所有效避难面积	按照人均避难场所的有效避难面积达到2平方米的要求，调查分析市辖区建成区内避难场所有效避难面积占常住人口总数的比例，查找城市应急避难所规模、布局及配套设施等方面存在的差距和问题	基础指标	底线指标
	98	公厕设置密度	按照《城市环境卫生设施规划标准》的要求，调查市辖区建成区公厕数量与建成区建设用地总面积的百分比。城市公厕数量应达到每平方千米平均不低于4座	推荐指标	底线指标

（续表）

维度		序号	指标项	体检内容	指标类型	评价类型
城区（城市）	智慧高效	99	市政管网管线智能化监测管理率	按照市政管网管线智能化监测管理率直辖市、省会城市和计划单列市不小于30%，地级市不小于15%的目标要求，调查分析市辖区内城市供水、排水、燃气、供热等管线中，可由物联网等技术进行智能化监测管理的管线总长度的百分比，查找城市在管网漏损、运行安全等在线监测、置能力等方面存在的差距和问题	基础指标	导向指标
		100	建筑施工危险性较大的分部分项工程安全监测覆盖率	按照安全生产法关于"推行网上安全信息采集、安全监管和监测预警"的要求，调查分析市辖区房屋市政工程建筑起重机械、深基坑、高支模、城市轨道交通及市政隧道等安全风险监测数据接入城市房屋市政工程安全监管信息系统的项目数，占房屋市政工程在建工地数量的百分比，查找城市运用信息化手段、防范化解房屋市政工程领域重大安全风险方面存在的差距和问题	基础指标	导向指标
		101	高层建筑智能化火灾监测预警覆盖率	按照高层建筑智能化火灾监测预警系统的高层建筑配置了智能化火灾监测预警系统覆盖率达到100%的目标要求，调查分析市辖区建成区内配置了智能化火灾监测预警系统的高层建筑楼栋数占建成区高层建筑总栋数的百分比，查找城市在运用消防远程监控、火灾报警等智能预警智能化管理方面存在的差距和问题	基础指标	导向指标

（续表）

维度	序号	指标项	体检内容	指标类型	评价类型
城区（城市）智慧高效	102	城市信息模型基础平台建设三维数据覆盖率*	按照城市信息模型基础平台建设三维数据覆盖率直辖市、省会城市和计划单列市不小于60%，地级市不小于30%，县级城市开展建设的目标要求，调查分析城市信息模型基础平台汇聚的三维数据投影面积占建成区面积的百分比，查找城市全域三维模型覆盖、各领域应用等方面存在的差距和问题	基础指标	导向指标
	103	城市运行管理服务平台覆盖率	按照到2025年城市运行管理"一网统管"体制机制基本完善的目标要求，调查分析市运行管理服务平台覆盖的目区域面积占建成区总面积的百分比，查找城市运行管理服务平台建设、城市精细化管理方面存在的差距和问题	基础指标	常规指标
	104	城市数字公共基础设施底座平台完成率	根据湖北省城市数字公共基础设施建设试点工作的要求，加快推进城市信息模型、编码赋码系统，"一标三实"（标地址、实有人口、实有房屋、实有单位）建设，调查城市数字公共基础设施底座平台完成状况	推荐指标	导向指标
	105	覆盖地上地下的城市基础设施数据库完成率	根据住房和城乡建设部城市基础设施生命线安全工程工作的要求，调查建立覆盖地上地下的城市基础设施数据库完成情况	推荐指标	导向指标
	106	城市建成区人均信息点数	调查市辖区内人均信息点数。城市建成区信息点数应不低于每千人150个	推荐指标	常规指标
	107	智能停车场管理系统覆盖率	调查市辖区建成区已安装智能停车场管理系统的停车场个数占建成区停车场总数量的百分比	推荐指标	导向指标

附录 C 县（区）城市体检指标体系表

维度		序号	指标项	体检内容	指标类型	评价类型
住房	安全耐久	1	存在使用安全隐患的住宅数量	依托第一次全国自然灾害综合风险普查房屋建筑和市政设施调查数据，对城市住宅安全状况进行初步筛查，查找安全隐患。重点是 1980 年（含）以前建成且未进行加固制板砌体住宅，以及 1981—1990 年建成的城市预制板砌体住宅	基础指标	底线指标
		2	存在燃气安全隐患的住宅数量	查找既有住宅中燃气用户使用橡胶软管等安全隐患问题	基础指标	底线指标
		3	存在楼道安全隐患的住宅数量	查找既有住宅中楼梯踏步、扶手、照明、安全护栏等设施损坏，通风井道堵塞、排风烟道堵塞或阀门申味，消防门损坏或无法关闭、消火栓无水、灭火器缺失、安全出口或疏散出口指示灯损坏，以及消防楼梯被占用、楼道与管道井堆放杂物等问题	基础指标	导向指标
		4	存在围护安全隐患的住宅数量	查找既有住宅中外墙保温材料、装饰材料、悬挂设施、门窗玻璃等破损、脱落等安全风险，以及屋顶、外墙、地下室渗漏等积水等问题	基础指标	导向指标
		5	应用全生命周期管理体系的住宅数量	调查已应用房屋全生命周期管理体系的既有住宅数量，全生命周期管理体系从房产规划、设计、建造、销售、物业管理、租赁、售后服务等各环节进行规范化管理	推荐指标	导向指标
	功能完善	6	住宅性能不达标的住宅数量	按照《住宅性能评定标准》，调查既有住宅中没有厨房、卫生间等基本功能空间的情况。具备条件的，查找既有住宅在采光、通风等性能方面的短板问题	基础指标	导向指标

（续表）

维度		序号	指标项	体检内容	指标类型	评价类型
住房	功能完善	7	存在管线、管道破损的住宅数量	查找既有住宅中给水、排水、供热、供电、通信等管线、管道等设施老化破损，跑冒滴漏、供给不足、管道堵塞等问题	基础指标	导向指标
		8	入户水质水压不达标的住宅数量	查找既有住宅中入户水质不满足《生活饮用水卫生标准》要求、居民用水水压不足的问题	基础指标	导向指标
		9	需要进行适老化改造的住宅数量	查找建成时未加装电梯的多层住宅中具备加装电梯条件但尚未加装改造的问题。具备条件的，可按照《无障碍设计规范》、既有住宅适老化改造相关要求，查找住宅出入口、门厅等公用区域以及住宅户内适老设施建设短板	基础指标	导向指标
	绿色智能	10	5G网络覆盖的住宅数量	按照《湖北省数字经济高质量发展"十四五"规划》和《湖北省数字经济高质量发展若干政策措施》（鄂政办发〔2023〕14号）的要求，调查已安装5G通信基础设施或5G网络覆盖除地下空间外的既有住宅数量，查找在新型基础设施建设方面存在的问题。2025年各市州主城区5G网络覆盖率达到100%	推荐指标	常规指标
		11	需要进行节能改造的住宅数量	按照《城乡建设领域碳达峰实施方案》的要求，查找既有住宅中具备节能改造价值但尚未进行节能改造的问题	基础指标	导向指标
		12	需要进行数字化改造的住宅数量	按照住房和城乡建设部等部门《关于加快发展数字家庭 提高居住品质的指导意见》的要求，查找既有住宅中网络基础设施、安防监测设备、高层住宅烟雾报警器等智能产品设置存在的问题。针对有需要的老年人、残疾人家庭，查找在健康管理、紧急呼叫等智能产品设置方面存在的问题	基础指标	导向指标

（续表）

维度		序号	指标项	体检内容	指标类型	评价类型
住房	绿色智能	13	保持地域特色风貌的住宅数量	按照《湖北省城乡人居环境建设"十四五"规划》的要求，调查延续历史文化记忆、建筑风貌体现地域地方特色的既有住宅数量，查找历史文化遗产保护、建筑风貌塑造方面存在的问题	推荐指标	导向指标
		14	认定为绿色建筑的住宅数量	按照《关于印发绿色建筑创建行动方案的通知》（建标〔2020〕65号）的要求，调查不低于一星级目不低于当地绿色建筑专项规划的星级建设要求的新建住宅数量，查找各地新建住宅中规定的绿色建筑标准等级的情况，并分析其中存在的问题	推荐指标	导向指标
小区（社区）	设施完善	15	未达标配建的养老服务设施数量	按照《社区老年人日间照料中心建设标准》《完整居住社区建设标准（试行）》等标准，查找社区养老服务设施配建缺失，以及生活照料、康复护理、上门照护、助餐助行、文化娱乐等养老服务不健全的问题	基础指标	常规指标
		16	未达标配建的婴幼儿照护服务设施数量	按照《托育机构设置标准（试行）》《完整居住社区建设标准，以及对婴幼儿早期发展指导等照护服务不到位的问题	基础指标	常规指标
		17	未达标配建的幼儿园数量	按照《幼儿园建设标准》《完整居住社区建设标准（试行）》等标准，查找居住社区配建缺失，以及普惠学前教育服务不到位的问题	基础指标	常规指标

（续表）

维度		序号	指标源	体检内容	指标类型	评价类型
		18	小学学位缺口数	以小学500米服务半径覆盖范围为原则，查找小学学位供给与适龄儿童就近入学需求方面的差距和不足	基础指标	常规指标
		19	停车泊位缺口数	按照《城市停车规划规范》《完整居住社区建设标准（试行）》等标准，查找现有停车泊位与小区居民停车需求方面的差距，以及停车占用消防通道等方面的问题	基础指标	常规指标
		20	新能源汽车充电桩缺口数	按照《电动汽车分散充电设施工程技术标准》《完整居住社区建设标准（试行）》等标准，查找现有充电桩供给能力与小区居民新能源汽车充电需求方面的差距，以及充电桩在安装、使用、运维过程中存在的问题	基础指标	常规指标
小区（社区）	设施完善	21	完整社区覆盖率	按照《湖北省城乡人居环境建设"十四五"规划》《关于开展完整居住社区建设试点工作的通知》（建办科〔2022〕48号）的要求，调查市辖区内完整居住社区数量占总数的百分比，查找在完整社区建设试点创建中存在的问题。2025年地级以上城市完整社区覆盖率达到60%，其他城市达到50%	推荐指标	常规指标
		22	未达标配建的社区便民服务设施数量	按照商务部办公厅等11部门印发《城市一刻钟便民生活圈建设指南》的要求，查找社区便民超市、便利店、快递服务等设施配件缺失以及居民生活便利性不到位的问题	推荐指标	常规指标
		23	未达标配建的社区卫生服务设施数量	按照《湖北省卫生健康事业发展"十四五"规划》的要求，查找社区卫生服务中心配建缺失，以及基层医疗卫生服务体系建设不足的问题。社区卫生设施标准应设置1所社区卫生服务中心，标准为每3万~10万居民	推荐指标	常规指标

（续表）

维度		序号	指标项	体检内容	指标类型	评价类型
小区（社区）	设施完善	24	老旧小区改造达标率	按照湖北省《关于加快推进城镇老旧小区改造工作的实施意见》（鄂政办〔2021〕19 号）的要求，调查市辖区建成区内已改造老旧小区达标数量，占已改造老旧小区总数的百分比。达标的老旧小区是指由建设单位组织工程竣工验收，并符合当地老旧小区改造工程质量验收标准的改造小区	推荐指标	常规指标
		25	拥有立体停车设施的小区数量	调查市辖区建成区内设有立体停车设施（可联合设置）；或已建立立体停车泊位共享机制或停车资源共享，实现与周边用电安全保障措施的小区数量；或预留新能源汽车充电桩位置，且采取相应的用电安全保障措施的小区数量	推荐指标	导向指标
		26	拥有全龄教育服务的小区数量	调查市辖区建成区内已配置不小于 1000 平方米的功能复合型社区幸福学堂，满足多龄段需求；或社区与兴趣培训机构建立合作，依托社区智慧服务平台建立跨龄活动机制，组织艺术创作、公益帮扶等活动的小区数量	推荐指标	导向指标
	环境宜居	27	未达标配建的公共活动场地数量	按照《城市居住区规划设计标准》《完整居住社区建设标准（试行）》等标准，查找社区公共活动场地、公共绿地面积不达标，配套的儿童娱乐、老年活动、体育健身等设施设备不充足或破损，不符合无障碍设计要求，以及存在私搭乱建等问题	基础指标	常规指标

（续表）

维度	序号	指标项	体检内容	指标类型	评价类型
小区（社区）环境宜居	28	不达标的步行道长度	按照《建筑与市政工程无障碍通用规范》《完整居住社区建设标准（试行）》等标准，查找人行道路面破损、宽度不足、雨后积水、夜间照明不足、铺装不防滑，不能连贯住宅和各类服务设施，以及不符合无障碍设计要求等问题	基础指标	常规指标
	29	未实施生活垃圾分类的小区数量	按照住房和城乡建设部等部门《关于进一步推进生活垃圾分类工作的若干意见》的要求，查找没有实行垃圾分类制度、未建立分类投放、分类收集、分类运输、分类处理系统等方面的问题	基础指标	常规指标
	30	绿色社区覆盖率	按照湖北省绿色社区创建行动实施方案》（鄂建文〔2021〕15号）的要求，调查市辖区建成区内参与绿色社区创建并达到创建要求的社区占社区总数的百分比，查找绿色社区创建中存在的问题。绿色社区覆盖率达到60%	推荐指标	常规指标
	31	挖潜用地增设公共空间的小区数量	调查市辖区建成区内在居民同意、条件允许、对周边环境等前提下，通过低效空置用地挖潜等方式增设公共停车设施或增设小游园、口袋公园等公共空间的小区数量	推荐指标	导向指标
	32	进行海绵化改造的小区数量	按照湖北省《海绵城市建设技术规程》设计施工要求，调查建设绿色屋顶、透水铺装等海绵设施，或应用海绵生态建筑材料等进行海绵化改造的小区数量，查找海绵城市在小区海绵化改造方面存在的问题	推荐指标	导向指标

（续表）

维度		序号	指标项	体检内容	指标类型	评价类型
环境宜居	小区（社区）	33	拥有创新创业空间的小区数量	调查市辖区建成区内已配建不小于 300 平方米的社区创新创业空间，提供弹性共享性的办公空间，复合优质的生活服务空间等功能空间；或因地制宜建设创业孵化平台，提供全方位的创业指导和咨询服务的小区数量	推荐指标	导向指标
		34	邻里特色文化突出的小区数量	调查市辖区建成区内有明确的社区特色文化主题和社区文化标志；或配套拥有不小于 600 平方米的社区礼堂等同类型社区文化设施；或在设施整合提升、全拆重建和拆改结合等时注重历史记忆的活态保留传承的小区数量	推荐指标	导向指标
	管理健全	35	未实施好物业管理的小区数量	按照住房和城乡建设部等部门《关于加强和改进住宅物业管理工作的通知》的要求，查找没有实施专业化物业管理、党建引领要求落实不到位、没有按照物业服务合同约定事项和标准提供服务等问题	基础指标	常规指标
		36	需要进行智慧化改造的小区数量	按照民政部、住房和城乡建设部等部门《关于深入推进智慧社区建设的意见》的要求，查找未安装智能信包箱、智能快递柜、智能安防设施及系统建设不完善等问题。有条件的，查找智慧社区综合信息平台建设、公共服务信息化建设等方面的差距和不足	基础指标	常规指标
		37	设立住区改造资金的小区数量	调查市辖区建成区内已设立住区改造资金，且筹集渠道多元（居民自筹、第三方社会资金引入等）的小区数量	推荐指标	导向指标

（续表）

维度	序号	指标项	体检内容	指标类型	评价类型
小区（社区）管理健全	38	拥有邻里互助社群社团组织的小区数量	调查市辖区建成区内已有1个及以上邻里群社群社团组织，鼓励居民积极参与邻里公约，促进居民互助资源共享的小区数量	推荐指标	导向指标
	39	未开展共同缔造活动的小区数量	按照湖北省《关于开展美好环境与幸福生活共同缔造活动试点工作的通知》的要求，调查未开展共同缔造活动的小区数量，查找在共同缔造城市居民社区试点创建中存在的党建引领基层治理、群众交流中存在的问题	推荐指标	导向指标
	40	二次供水设施不达标的小区数量	按照《城市供水水质管理规定》《二次供水设施卫生规范》《城市供水行业反恐怖防范工作标准》的要求，调查市辖区建成区内居民二次供水设施不符合水质安全及安全运行维护要求的小区数量，查找二次供水水质管理、设施安全防范、运行维护中存在的问题	推荐指标	导向指标
街区功能完善	41	中学服务半径覆盖率	调查分析中学1千米服务半径覆盖的居住用地面积，占所在街道总居住用地面积的百分比，查找中学学位供给与适龄青少年就近入学需求方面的差距和不足	基础指标	常规指标
	42	未达标配建的多功能运动场地数量	按照《城市社区多功能公共运动场配置要求》《城市居住区规划设计标准》的要求，查找多功能运动场地配建缺失，或场地面积不足，设施设备不完善，布局不均衡，以及没有向公众开放等问题	基础指标	常规指标

（续表）

维度		序号	指标项	体检内容	指标类型	评价类型
街区	功能完善	43	未达标配建的文化活动中心数量	按照《城市居住区规划设计标准》的要求，查找文化活动中心配建缺失，或文化活动中心面积不足、青少年和老年活动设施、儿童之家服务功能不完善，布局不均衡，以及没有向公众开放等问题	基础指标	常规指标
		44	公园绿化活动场地服务半径覆盖率	按照"300米见绿，500米见园"以及公园绿地面积标准要求，调查分析公园绿化活动场地服务半径覆盖的居住用地面积，占所在街道居住用地总面积的百分比，查找公园绿化活动场地布局不均衡，面积不达标等问题	基础指标	常规指标
		45	菜市场（生鲜超市）覆盖率	按照商务部办公厅等11部门印发《城市一刻钟便民生活圈建设指南》的要求，调查街镇区建成区内菜市场（生鲜超市）服务半径覆盖的居住用地面积占建成区总居住用地面积的百分比。菜市场（生鲜超市）按服务半径（步行10分钟）测算	推荐指标	常规指标
	整洁有序	46	存在乱拉空中线路问题的道路数量	按照《城市市容市貌干净整洁有存有安全标准（试行）》的要求，查找街道上乱拉空中架设缆线、线杆，以及箱体损坏等问题	基础指标	常规指标
		47	存在乱停乱放车辆问题的道路数量	按照《城市市容市貌干净整洁有存有安全标准（试行）》的要求，查找街道上机动车与非机动车无序停放，占用绿化带和人行道的问题	基础指标	常规指标

（续表）

维度		序号	指标项	体检内容	指标类型	评价类型
街区	整洁有序	48	管井盖缺失、移位、损坏的数量	按照住房和城乡建设部办公厅等《关于加强管井盖安全管理的指导意见》的要求，查找管井盖缺失、移位、损坏等安全隐患问题	基础指标	常规指标
		49	存在道路照明问题的道路数量	按照《城市容市貌干净整洁有序安全标准（试行）》的要求。道路路灯调查道路照明设施数量，质量不达标的道路数量。装灯率应达到100%，沿街亮灯率不低于98%，设施完好率不低于95%	推荐指标	常规指标
		50	存在道路机械化清扫问题的道路数量	按照《城市容市貌干净整洁有序安全标准（试行）》的要求。调查机械化清扫不达标的道路数量。道路机械化清扫率不低于80%	推荐指标	常规指标
		51	设置统一店招的道路数量	调查市辖区建成区内未设置有违市容市貌的广告牌匾、楼顶广告、楼房大字等；沿街广告牌匾按要求来设置，实行一店一牌，同一路段相连的户外广告，式样、尺寸和布置形式统一，同一建筑物的门头牌匾规格、质地、色彩统一协调，文字规范，灯光完整、无污渍、无破损的道路数量	推荐指标	导向指标
		52	无违规占道的道路数量	按照《城市容市貌干净整洁有序安全标准（试行）》的要求，调查无沿街乱设乱摆摊点行为，经批准设置的各类经营摊点，无占道堆旧物品收购、占道修理、占道加工、古道储物、占道洗车等影响城市容市貌现象；无占道露天烧烤和进行沿街占路售卖餐饮现象的道路数量	推荐指标	导向指标

（续表）

维度	序号	指标项	体检内容	指标类型	评价类型
街区 特色 活力	53	需要更新改造的老旧商业街区数量	查找老旧商业街区在购物、娱乐、旅游、文化等功能多业态集聚、公共空间塑造、步行环境整治、特色化、品牌化服务等方面的问题与短板	基础指标	导向指标
	54	需要进行更新改造的老旧厂区数量	查找老旧厂区在闲置资源盘活利用、新业态、新功能植入、产业转型升级以及专业化运营管理等方面存在的问题和短板	基础指标	导向指标
	55	需要进行更新改造的老旧街区数量	查找老旧街区在既有建筑保留利用、城市客厅等服务设施配置、基础设施更新改造以及功能转换、活力提升等方面存在的问题和短板	基础指标	导向指标
	56	特色活力指数	特色活力指数由夜间活力占比、街道业态多样性指数等组成。夜间活力占比是运用手机信令大数据、位置服务大数据等，调查每年四个时间点（6月任一工作日利用周末、12月任一工作日利用周末，20点、晚8点）到凌晨1点的定位总人数占全天定位总人数的比值；街道业态多样性是基于兴趣点数据和实地调研数据，调查重点街区内典型特色街道的业态类别和占比，查找街区活动分布和产业结构的差距和不足	推荐指标	导向指标
	57	重点地区（片区）城市设计覆盖率	按照住房和城乡建设部、国家发展改革委《关于进一步加强城市与建筑风貌管理的通知》的要求，调查市辖区（片区）内已编制完成并完成审批通过的重点地区（片区）城市设计面积与城市建成区面积的百分比，查找在强化重点地区风貌塑造、城市设计方面存在的问题	推荐指标	导向指标

维度		序号	指标项	体检内容	指标类型	评价类型
城区（城市）	生态宜居	58	城市生活污水集中收集率	按照到 2025 年城市生活污水集中收集率达到 70% 的目标，调查分析市辖区建成区内通过集中式和分布式污水处理设施收集的生活污染物量占总量的百分比，查找城镇污水收集处理设施建设、运营维护等方面的差距和问题	基础指标	常规指标
		59	绿道服务半径覆盖率	按照到 2025 年绿道服务半径覆盖率达到 70% 的目标，调查分析市辖区建成区内绿道两侧 1 千米服务半径覆盖的居住用地面积，占总居住用地面积的百分比，查找城市绿道长度、布局、贯通性、建设品质等方面的差距和问题	基础指标	常规指标
		60	人均体育场地面积	按照 2025 年人均体育地面积达到 2.6 平方米的目标，调查市辖区建成区内常住人口人均拥有的体育场地面积情况，查找城市体育场地、健身设施等方面的差距和问题	基础指标	常规指标
		61	人均公共文化设施面积	按照人均公共文化设施面积达到 0.2 平方米的目标，调查市辖区建成区内常住人口人均拥有的公共文化设施面积情况，查找城市公共文化设施、服务体系等方面的差距和问题	基础指标	常规指标
		62	未达标配建的妇幼保健机构数量	按照《中国妇女发展纲要（2021—2030 年）》《中国儿童发展纲要（2021—2030 年）》的要求，调查市辖区内没有配建妇幼保健机构或建设规模不达标的妇幼保健机构数量，查找城市妇幼保健机构建设规模不足，服务体系不健全等方面的问题	基础指标	常规指标

（续表）

维度		序号	指标项	体检内容	指标类型	评价类型
城区（城市）	生态宜居	63	城市道路网密度	按照道路网密度达到 8 千米/千米^2 的目标，调查分析市辖区建成区内城市道路长度（包括快速路、主干路、次干路及支路）与建成区面积的比值，查找城市综合交通体系建设方面存在的差距和问题	基础指标	常规指标
		64	新建建筑中绿色建筑占比	按照到 2025 年新建建筑中绿色建筑占比达到 100% 的目标，调查分析当年市辖区内竣工建筑面积占城市建筑总面积的百分比，查找城市绿色建筑发展方面存在的差距和问题	基础指标	常规指标
		65	建成区人口密度*	调查市辖区建成区内单位用地面积上的常住人口数。省会和地级市（州）建成区人口密度达到 0.7 万 ~1.5 万人/千米^2，县级市（县、区）0.6 万 ~1 万人/千米^2	推荐指标	常规指标
		66	城市生活垃圾资源化利用率	调查城市生活垃圾资源化利用率，公式为 [（可回收物回收量 + 焚烧处理量 × 焚烧处理的资源化率折算系数 + 厨余垃圾处理量 × 厨余垃圾处理的资源化率折算系数 + 卫生填埋处理量 × 卫生填埋处理的资源化率折算系数）/（可回收物回收量 + 生活垃圾清运量）] × 100%。城市生活垃圾资源化利用率应不低于 55%	推荐指标	常规指标
		67	建筑垃圾资源化利用率	调查当年市辖区内建筑垃圾中工程垃圾、装修垃圾和拆除垃圾的资源化利用量，占这三类建筑垃圾产生总量的百分比。建筑垃圾资源化利用率应不低于 60%	推荐指标	常规指标

（续表）

维度		序号	指标项	体检内容	指标类型	评价类型
城区（城市）	生态宜居	68	城市园林绿化建设养护专项资金	调查当年城市园林绿化建设养护方面存在的问题。查找城市园林绿化建设养护方面存在的问题	推荐指标	导向指标
		69	10万人拥有综合公园个数	调查市辖区建成区内城市人口每10万人拥有的综合公园个数。国家园林城市10万人拥有综合公园个数应不低于1个（城区人口包括户籍人口和暂住人口，不小于50万人口城市，综合公园面积应大于10公顷；小于50万人口城市，综合公园面积应大于5公顷）	推荐指标	常规指标
		70	城市林荫路覆盖率	调查市辖区建成区内城市次干路、支路的林荫路长度占城市次干路、支路总长度的百分比（林荫路指绿化覆盖率达到90%以上的人行道、自行车道）。国家园林城市林荫路覆盖率应不低于70%	推荐指标	导向指标
		71	城市绿地率	调查市辖区建成区内各绿化用地总面积占市辖区建成区面积的百分比。国家园林城市绿地率应不低于40%且城市各城区最低值应高于25%	推荐指标	导向指标
		72	城市绿化覆盖率	调查市辖区建成区内绿化植物的垂直投影面积占建成区总用地面积的百分比。国家园林城市绿化覆盖率应不低于41%且乔灌木占比应不低于60%	推荐指标	导向指标
	历史文化保护利用	73	历史文化街区、历史建筑挂牌建档率	按照历史文化街区、历史建筑挂牌建档率达到100%的目标，调查分析市辖区内完成挂牌建档的历史文化街区、历史建筑数量、占已认定并公布的历史文化街区、历史建筑总数量的百分比，查找历史文化名城、名镇、名村（传统村落）、街区、历史建筑和历史地段等各类保护对象测绘、建档、挂牌等方面存在的问题	基础指标	常规指标

（续表）

维度	序号	指标项	体检内容	指标类型	评价类型
历史文化保护利用 城区（城市）	74	历史建筑空置率	调查市辖区内闲置半年以上的历史建筑数量占公布的历史建筑总数的百分比，查找城市历史建筑活化利用，以用促保等方面存在的问题	基础指标	常规指标
	75	历史文化资源遭受破坏的负面事件数	调查市辖区内古树名木等历史环境要素遭受破坏的负面事件数量，查找城乡建设中历史文化遗产遭破坏、大规模搬迁原住居民等方面的问题	基础指标	底线指标
	76	擅自拆除历史文化街区内建筑物、构筑物的数量	调查市辖区历史文化街区核心保护范围内，未经有关部门批准，拆除历史建筑以外的建筑物、构筑物或者其他建筑的数量，查找违规拆除或审批管理机制不健全等方面的问题	基础指标	常规指标
	77	当年各类保护对象增加数量	调查市辖区内已认定公布的历史文化街区、不可移动文物、历史建筑、历史地段、工业遗产等保护对象数量比上年度增加数量，查找历史文化资源调查评估机制不健全，未做到应保尽保的问题	基础指标	导向指标
	78	当年获得国际国内各类建筑奖、文化奖的项目数量	调查当年市辖区民用建筑（包括居住建筑和公共建筑）中获得国际国内各类建筑奖、文化奖的项目数量（含国内省级以上优秀建筑、工程设计奖项，国外知名建筑奖项及文化奖项）	推荐指标	导向指标

（续表）

维度	序号	指标项	体检内容	指标类型	评价类型
城区（城市）产城融合、职住平衡	79	新市民、青年人保障性租赁住房覆盖率	按照到2025年新市民、青年人保障性租赁住房覆盖率达到20%的目标，调查分析市辖区内正享受保障性租赁住房的新市民、青年人数量，占应当享受保障性租赁住房的新市民、青年人数量的百分比，查找解决新市民、青年人住房方面问题	基础指标	导向指标
	80	城市高峰期机动车平均速度	按照城市快速路、主干路早晚高峰期平均车速分别不低于30千米每小时，20千米每小时的标准要求，调查工作日早晚高峰时段城市主干路及以上等级道路上各类机动车的平均行驶速度，查找城市交通拥堵情况	基础指标	常规指标
	81	通勤距离小于5千米的人口比例	按照《中国人居环境奖评价指标体系》的要求，调查市辖区内常住人口中通勤距离小于5千米的人口数量，占全部通勤人口数量的百分比。省会城市不低于50%；100万人及以上规模城市不低于55%；100万人以下规模城市不低于60%	推荐指标	导向指标
	82	绿色交通出行比例	按照《中国人居环境奖评价指标体系》的要求，调查市辖区建成区内采用轨道、公交、步行、骑行等方式的出行量，占城市总出行量的比例。绿色交通出行比例应不低于70%	推荐指标	导向指标
	83	公交站点覆盖率	按照《城市综合交通体系规划标准》的要求，调查市辖区建成区公交站点服务面积占建成区建设用地总面积的百分比。成区公交站点300米覆盖率不应小于50%，500米覆盖率不应小于90%（公交站点服务面积为以公交车站为中心，300米或500米步行距离为半径的圆形面积）	推荐指标	导向指标

（续表）

维度	序号	指标项	体检内容	指标类型	评价类型
城区（城市）安全韧性	84	房屋市政工程生产安全事故起数	调查市辖区内房屋市政工程生产安全较大及以上事故起数，查找城市房屋市政工程安全生产方面存在的问题	基础指标	底线指标
	85	消除严重易积水点数量	按照到 2025 年全面消除历史上严重积水、重易涝影响生产生活秩序的易涝积水点的目标要求，调查市辖区建成区内消除历史上严重积水、重易涝影响生产生活秩序的易涝积水点数量，查找城市排水排涝工程体系建设方面的差距和问题	基础指标	常规指标
	86	城市排水防涝应急抢险能力	按照《国务院办公厅关于加强城市内涝治理的实施意见》的要求，调查分析市辖区建成区内配备的排水防涝抽水泵、移动泵车及相应配套的自主发电等排水防涝设施每小时抽排的水量，查找城市排水防涝隐患排查和整治、专用防汛设备和抢险物资配备、应急响应和处治等方面存在的问题	基础指标	常规指标
	87	应急供水保障率	按照住房和城乡建设部办公厅等《关于加强城市供水安全保障工作的通知》的要求，调查市辖区应急供水量占总供水能力的百分比，分析市城市应急水源或备用水源建设运行，应急净水和救援能力建设，供水应急响应机制建立情况，查找城市在水源突发污染、旱涝急转等不同风险状况下应急供水能力方面存在的问题	基础指标	常规指标
	88	老旧燃气管网改造完成率	按照到 2025 年基本完成城市老旧燃气管网改造的目标要求，调查分析市辖区建成区内老旧燃气管网更新改造长度占老旧燃气管网总长度的百分比，查找城市老旧燃气管道和设施建设改造、运维养护等方面存在的差距和问题	基础指标	常规指标

（续表）

维度	序号	指标项	体检内容	指标类型	评价类型
	89	城市地下管廊的道路占比	按照新区城市地下管廊的道路占比不小于 30%、建成区不小于 2% 的要求，调查分析市辖区建成路长度占比的比例，查找城市地下管廊系统布局以及干线、支线管廊发展等方面存在的差距和问题	基础指标	常规指标
	90	城市消防站服务半径覆盖率	按照《城市消防站建设标准》的要求，调查分析市辖区建成区内各类消防站服务半径覆盖面积的百分比，查找城市消防站建设规模不足、布局不均衡、人员配备及消防装备配置不完备等方面的问题	基础指标	常规指标
城区（城市）	91	安全距离不达标的加油加气加氢站数量	按照《汽车加油加气加氢站技术标准》的要求，查找安全距离不符合要求的汽车加油加气加氢站数量，以及布局不合理、安全监管不到位等方面的问题	基础指标	常规指标
安全韧性	92	人均避难场所有效避难面积	按照人均避难场所的有效避难面积达到 2 平方米的要求，调查分析市辖区建成区内避难场所有效避难面积占常住人口总数的比例，查找城市应急避难场所规模、布局及配套设施等方面存在的差距和问题	基础指标	底线指标
	93	公厕设置密度	按照《城市环境卫生设施规划标准》的要求，调查市辖区建成区公厕数量与建成区建设用地总面积的百分比。城市公厕数量每平方千米应达到平均不低于 4 座	推荐指标	底线指标

（续表）

维度		序号	指标项	体检内容	指标类型	评价类型
城区（城市）	智慧高效	94	市政管网管线智能化监测管理率	按照市政管网管线智能化监测管理率直辖市、省会城市和计划单列市不小于 30%，地级市不小于 15% 的目标要求，调查分析市辖区内城市供水、排水、燃气、供热等管线中，可由物联网等技术进行智能化监测管理的管线长度占市政管网管线总长度的百分比，查找城市在管网漏损、运行安全等在线监测，及时处置能力等方面存在的差距和问题	基础指标	导向指标
		95	建筑施工危险性较大的分部分项工程安全监测覆盖率	按照安全生产关于法关于"推行网上安全信息采集、安全监管和监测预警"的要求，调查分析市辖区房屋市政工程市政隧道等安全风险机械、深基坑、高支模、城市轨道交通及市政隧道等安全风险监测监测数据接入城市房屋市政工程安全监管信息系统的项目数，占房屋市政工程在建工程中建工地数量的百分比，查找城市运用信息化手段，防范化解工程市政领域重大安全风险方面存在的差距和问题	基础指标	导向指标
		96	高层建筑智能化火灾监测预警覆盖率	按照高层建筑智能化火灾监测预警覆盖率达到 100% 的目标要求，调查分析市辖区建成区内配置了智能化火灾监测预警系统的高层建筑楼栋数量占建成区高层建筑火灾监测预警总数的百分比，查找城市在运用消防远程监控、火灾报警等智能信息化管理方面存在的差距和问题	基础指标	导向指标

（续表）

维度	序号	指标项	体检内容	指标类型	评价类型
城区（城市）智慧高效	97	城市信息模型基础平台建设三维数据覆盖率*	按照城市信息模型基础平台建设三维数据覆盖率，省会城市和计划单列市、直辖市，省级会城市开展建设的目标要求，地级市不小于60%，县级市不小于30%，调查分析城市信息模型基础平台汇聚的三维数据投影面积占建成区面积的百分比，查找城市全域三维模型覆盖、各领域应用等方面存在的差距和问题	基础指标	导向指标
	98	城市运行管理服务平台覆盖率	按照到2025年城市运行管理"一网统管"体制机制基本完善的目标要求，调查分析市辖区建成区内城市运行管理服务平台覆盖的区域面积占建成区总面积的百分比，查找城市运行管理精细化管理方面存在的差距和问题	基础指标	常规指标
	99	城市数字公共基础设施底座平台完成率	根据湖北省数字公共基础设施建设试点工作的要求，加快推进城市信息模型、编码赋码系统、"一标三实"（标准地址，实有人口，实有房屋，实有单位）建设，调查城市数字公共基础设施底座平台完成情况	推荐指标	导向指标
	100	覆盖地上地下的城市基础设施数据库完成率	根据住房和城乡建设部城市基础设施生命线安全工程工作的要求，调查建立覆盖地上地下的城市基础设施数据库完成情况	推荐指标	导向指标
	101	城市建成区人均信息点点数	调查市辖区内人均信息点数。城市建成区信息点点数应不低于每千人150个	推荐指标	常规指标
	102	智能停车场管理系统覆盖率	调查市辖区建成区已安装智能停车场管理系统的停车场个数占建成区停车场数量总数的百分比	推荐指标	导向指标